中央高校教育教学改革基金(本科教学工程)
"复杂系统先进控制与智能自动化"高等学校学科创新引智计划　　联合资助
中国地质大学(武汉)"双一流"建设经费

过程控制原理
GUOCHENG KONGZHI YUANLI

主　编　安剑奇
副主编　胡文凯　何王勇

中国地质大学出版社
ZHONGGUO DIZHI DAXUE CHUBANSHE

图书在版编目(CIP)数据

过程控制原理/安剑奇主编;胡文凯,何王勇副主编. —武汉:中国地质大学出版社,
2023.12
 中国地质大学(武汉)自动化与人工智能精品课程系列教材
 ISBN 978-7-5625-5682-4

Ⅰ.①过⋯ Ⅱ.①安⋯ ②胡⋯ ③何⋯ Ⅲ.①过程控制-高等学校-教材 Ⅳ.①TP273

中国国家版本馆 CIP 数据核字(2023)第 202756 号

| 过程控制原理 | | | | 安剑奇 | 主　编 |
| | | | | 胡文凯　何王勇 | 副主编 |

责任编辑:周　旭	选题策划:毕克成　张晓红　周　旭　王凤林	责任校对:徐蕾蕾
出版发行:中国地质大学出版社(武汉市洪山区鲁磨路388号)		邮编:430074
电　　话:(027)67883511	传　　真:(027)67883580	E-mail:cbb@cug.edu.cn
经　　销:全国新华书店		http://cugp.cug.edu.cn
开本:787毫米×1092毫米　1/16	字数:301千字	印张:11.75
版次:2023年12月第1版	印次:2023年12月第1次印刷	
印刷:武汉市籍缘印刷厂		
ISBN 978-7-5625-5682-4		定价:45.00元

如有印装质量问题请与印刷厂联系调换

自动化与人工智能精品课程系列教材
编委会名单

主　任：吴　敏　中国地质大学(武汉)
副主任：纪志成　江南大学
　　　　李少远　上海交通大学
编　委：(按姓氏笔画为序)
　　　　于海生　青岛大学
　　　　马小平　中国矿业大学(徐州)
　　　　王　龙　北京大学
　　　　方勇纯　南开大学
　　　　乔俊飞　北京工业大学
　　　　刘　丁　西安理工大学
　　　　刘向杰　华北电力大学
　　　　刘建昌　东北大学
　　　　吴　刚　中国科学技术大学
　　　　吴怀宇　武汉科技大学
　　　　张小刚　湖南大学
　　　　张光新　浙江大学
　　　　周纯杰　华中科技大学
　　　　周建伟　中国地质大学(武汉)
　　　　胡昌华　中国人民解放军火箭军工程大学
　　　　俞　立　浙江工业大学
　　　　曹卫华　中国地质大学(武汉)
　　　　潘　泉　西北工业大学

序

为适应新工科建设要求,推动自动化与人工智能融合发展,中国地质大学(武汉)自动化学院联合教育部高等学校自动化类专业教学指导委员会和中国自动化学会教育工作委员会的有关专家,依托先进模块化的课程体系,有机融入"课程思政"的相关要求,突出前沿性、交叉性与综合性的新内容,组织编写了自动化与人工智能精品课程系列教材,以服务于新时代自动化与人工智能领域的人才培养。

本系列教材涵盖了专业基础课、专业主干课、专业选修课、课程设计等教学内容。教材设置上依托教育部高等学校自动化类专业教学指导委员会首批自动化专业课程体系改革与建设试点项目(全国五个试点项目之一)和中国地质大学(武汉)教育教学改革项目的研究成果,以"重视基础理论、突出实际应用、强化工程实践"的课程体系设计为主线。教材设置包括增强知识点教学的连贯性,提高对自动化系统结构认知的完整性;知识点对应的工具成体系,提高对主流技术和工具认知的完整性;面对特定应用环境的设计技术成体系,提高对行业背景下设计过程认知的完整性。它充分体现以控制理论、运动控制、过程控制、嵌入式系统、测控软件技术、人工智能与大数据技术等为模块的教材设计。

本系列教材由教育部高等学校自动化类专业教学指导委员会委员、中国自动化学会教育工作委员会委员、高校教学主管领导和教学名师担任编审委员会委员,并对教材进行严格论证和评审。

本系列教材的组织和编写工作从2019年5月开始启动,并与中国地质大学出版社达成合作协议,拟在3～5年内出版20种左右的教材。

本系列教材主要面向自动化、测控技术与仪器及相关专业的本科生,控制科学与工程相关专业的研究生以及相关领域和部门的科技工作者。一方面为广大在校学生的学习提供先进且系统的知识内容,另一方面为相关领域科技工作者的学习和工作提供参考。欢迎使用本系列教材的读者提出批评意见和建议,我们将认真听取意见,并作修订。

自动化与人工智能精品课程系列教材编委会

2020年12月

前　言

随着工业化的快速发展,过程控制系统在现代生产中扮演着至关重要的角色。过程控制系统被广泛应用于化工、冶金、制药、自来水生产等各个工业领域中,确保生产过程的稳定、效率和安全。

过程控制系统的目标是监测和调整生产过程中的各种参数,保证产品符合工艺生产要求和质量的一致性。这些参数包括温度、压力、液位、流量等。通过数据采集、分析和反馈控制,过程控制系统能够实现自动化的生产操作,提高生产效率,减少人为错误,并最大限度地降低生产成本。随着技术的不断进步,过程控制系统正变得越来越复杂和智能化。现代的过程控制系统普遍采用计算机控制和通信技术,能够实现远程监视和控制,提高生产的灵活性和响应能力。同时,人工智能和机器学习等技术的应用也为过程控制系统带来了新的发展机遇,使其能够更好地适应不断变化的生产环境和需求。

本书以过程控制系统的发展历程、结构组成、控制策略和工程应用为线索组织编写。全书内容共7章。第1章是过程控制系统概述,介绍过程控制系统定义、发展历程、挑战与趋势,以及基本组成与性能指标;第2章过程检测仪表、执行器与控制器和第3章过程对象建模与辨识详细地介绍了过程控制系统的典型控制对象及其建模和辨识方法,常用检测仪表、执行器和控制器的原理、特点与选型方法;第4章单回路控制系统、第5章复杂控制系统设计以及第6章先进过程控制方法,围绕控制系统结构和方法展开,从经典的PID控制入手,逐步深入,详细分析了串级控制、前馈控制、大滞后控制、比值控制、选择控制等复杂控制方法,在此基础上还介绍了较为先进的预测控制、自适应控制、学习控制等控制方法;第7章过程控制系统工程设计,介绍了过程控制系统工程应用的基本要求、方法和流程,并以锅炉控制系统和钻进过程恒压控制系统为例,介绍完整控制系统的设计方法。

本书的完成得到了团队多位老师和研究生的支持与帮助,感谢吴敏教授、曹卫华教授、万雄波教授、甘超副教授等对本工作的关心支持和辛勤付出,感谢博士生郭云鹏、马斯科及硕士生连志彪、邹文栋、李炜俊、杨成林、王行澳、丰钰祺、程鑫、王壮、王琰、姜卓璇等所做的贡献。同时,我们也要感谢读者的支持和反馈,您的意见和建议将帮助我们不断改进和完善。

在本书出版之际,感谢自动化与人工智能精品课程系列教材编委会的指导,感谢国家自然科学基金(62373336、61973287)、湖北省高校教学研究项目(2020201)、中国地质大学(武汉)教学工程项目(ZL202055)等对相关工作的资助。同时,本书的编写过程中参考和引用了他人的研究成果,在此一并感谢。

本书是面向自动化、测控技术与仪器、电气工程及其自动化、过程装备与控制工程、智能装备与系统等本科专业的一门专业课教材。希望本书能够帮助您在过程控制领域取得更好的成就,并为工业自动化的发展做出贡献。

目　录

第1章　过程控制系统概述	(1)
1.1　过程控制系统定义	(1)
1.2　过程控制系统的发展历程	(5)
1.3　过程控制系统的挑战与趋势	(9)
1.4　过程控制系统的基本组成及性能指标	(10)
课后习题	(14)

第2章　过程检测仪表、执行器与控制器 ……………………………………… (16)
　2.1　过程检测仪表 …………………………………………………………… (16)
　2.2　执行器 …………………………………………………………………… (33)
　2.3　仪表安全防爆技术 ……………………………………………………… (43)
　2.4　控制器与控制系统 ……………………………………………………… (46)
　课后习题 ……………………………………………………………………… (50)

第3章　过程对象建模与辨识 …………………………………………………… (52)
　3.1　概　述 …………………………………………………………………… (52)
　3.2　机理建模法 ……………………………………………………………… (58)
　3.3　实验建模法 ……………………………………………………………… (65)
　3.4　参数辨识法 ……………………………………………………………… (71)
　课后习题 ……………………………………………………………………… (73)

第4章　单回路控制系统 ………………………………………………………… (75)
　4.1　系统结构与组成 ………………………………………………………… (75)
　4.2　单回路控制系统的设计方法 …………………………………………… (76)
　4.3　PID控制器及参数整定 ………………………………………………… (80)
　4.4　工程应用案例 …………………………………………………………… (92)
　课后习题 ……………………………………………………………………… (96)

第5章　复杂控制系统 …………………………………………………………… (98)
　5.1　串级控制系统 …………………………………………………………… (98)
　5.2　前馈控制系统 …………………………………………………………… (107)
　5.3　大滞后控制系统 ………………………………………………………… (115)
　5.4　比值控制系统 …………………………………………………………… (121)

Ⅴ

5.5　选择性控制系统 ……………………………………………………………（126）
　　课后习题 ………………………………………………………………………（131）
第6章　先进过程控制方法 ………………………………………………………（134）
　　6.1　预测控制方法 ………………………………………………………………（134）
　　6.2　自适应控制方法 ……………………………………………………………（141）
　　6.3　学习控制方法 ………………………………………………………………（149）
　　课后习题 ………………………………………………………………………（153）
第7章　过程控制系统工程设计 …………………………………………………（155）
　　7.1　过程控制系统设计概述 ……………………………………………………（155）
　　7.2　锅炉控制系统设计 …………………………………………………………（159）
　　7.3　钻进过程恒钻压自动送钻控制 ……………………………………………（172）
　　课后习题 ………………………………………………………………………（176）
主要参考文献 ……………………………………………………………………（178）

第1章 过程控制系统概述

在冶金、化工、石油加工、地质钻探、造纸、芯片与食品等工业领域中,为了有效控制各种参数,保证生产处于良好状态,通常需要设计和开发合适的过程控制系统,从而实现安全稳定、高质量、低能耗、少污染等生产过程目标。随着工业和社会建设的发展,过程控制系统的应用日益广泛,其作用也越来越显著。

1.1 过程控制系统定义

过程控制系统是指控制生产过程参数接近给定值或保持在给定范围内的自动控制系统。通过对复杂工艺过程的控制,达到优质、高产、低耗、安全及绿色的生产目标。过程控制系统不但是自动化控制领域的重要组成部分,也是自动控制学科的重要分支。

1.1.1 过程的定义与分类

本书所描述的"过程"是指针对生产装置或设备中进行的物质交换和能量转换,将原材料加工成产品所经历的过程,是个相对狭义的概念。在过程中通常会伴随着一系列的物理、化学反应,其中表征过程的主要参数包括温度、压力、流量、液位、物位、成分、浓度、黏度、pH值等。根据生产过程的特点,过程通常可以划分为连续过程和间歇过程两类。

连续过程指的是在稳态条件下,生产连续不断运行直到完成规定任务,得到期望产品所经历的过程。生产产品的前后各个过程紧密相连,不可分割,即从原料加工开始到得到期望产品的过程是连续的。在过程控制中,连续过程的占比较大。例如高炉冶炼生产过程、地质钻进过程、电能生产过程、汽油等石化产品的生产过程等。以高炉冶炼生产过程为例,如图1.1.1所示,高炉的生产是连续进行的,一代高炉(从开炉到大修停炉为一代)能连续生产几年到十几年。生产时从炉顶不断地装入铁矿石、焦炭、助熔剂等原料,从底部吹进热风和煤粉等燃料。铁矿石(铁和氧的化合物)与焦炭在高温高压环境下发生还原反应,形成的液态铁水从铁口流出,炉渣从出渣口排出,产生的煤气从炉顶导出。在非故障状态下,高炉生产过程中原料是连续供应的,生产出的产品也是源源不断输出的。

间歇过程的产品生产过程是间断不连续的,即加工过程可以停顿。整个生产过程由若干个离散环节组成,分别按照设定的顺序进行间断的作业,其生产过程中的部分中间产品常常需要在不同车间进行加工,设备大体上也是按照功能进行分组布置的,如注塑工艺、食品

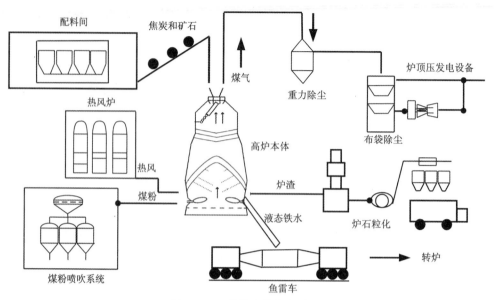

图 1.1.1 高炉冶炼生产过程

加工、油脂企业的酯化等。以注塑工艺为例,如图 1.1.2 所示,首先将加热熔融后的塑料合模到型腔边缘;然后在注塑机螺杆或活塞的推动下,经喷嘴和模具的浇注系统进入模具型腔;最后压缩注入的熔融塑料在型腔中冷却硬化定型后,进行脱模。不同工件加工过程之间可以停顿,生产好的工件到下一工序再加工之前,也可以停顿。间歇过程通常存在多个中间转换环节,切换频繁。同一个装置可以生产多种产品。很多间歇过程的控制需要不同的控制策略和一系列逻辑操作工序来加以保证。

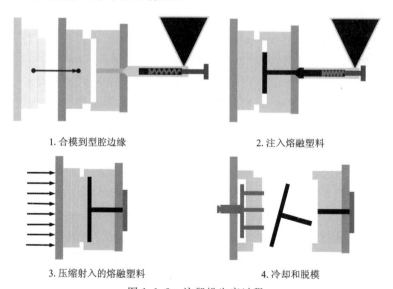

图 1.1.2 注塑机生产过程

综上所述,过程中连续过程和间歇过程的区别如表 1.1.1 所示。

表 1.1.1 过程控制中连续过程与间歇过程的不同

类型	连续过程	间歇过程
特点	前序环节生产出的中间品转移到后续环节进行生产	生产过程是间断不连续的,存在切换和等待过程
应用领域	石油、化工、冶金、电力、轻工、纺织、钢铁、钻进等	芯片制造、高铁、生物制药、注塑等
生产过程	连续生产	按预定顺序间歇进行
设备的使用	生产给定的一种产品	能生产多种产品,任意组合
输出产品	连续	批量
工艺条件	稳态、一般不变化	可变化

1.1.2 过程控制系统的任务与特点

过程控制系统的任务是在充分了解与掌握生产过程的工艺流程及要求和其动/静态特性的基础上,根据控制系统中稳定性、快速性、准确性 3 项基本要求,以生产过程中表现出来的各种状态信息作为被控变量,对控制系统进行分析与综合,从而实现整个生产过程的安全、有序、节能与高效运行。为了保证生产过程满足期望的运行工况、安全经济的运行环境和产品生产质量等要求,通常综合利用检测技术、控制理论与方法、执行器设备、网络与计算机平台等技术去设计相应的自动控制系统。

过程控制系统相比较其他系统具有以下特点。

1. 生产过程具有多样性

过程控制系统的多样性主要体现在被控过程的多样性、控制目标的多样性以及控制方案的多样性。

1) 被控过程具有多样性

工业生产过程涉及很多工业部门,其物料加工制成的产品多样,各过程的生产工艺各不相同,基本原理也大相径庭,执行机构也不尽一致,甚至即使过程相同,但生产规模大小不同,其过程特性也不尽相同。这就导致过程控制系统中的被控过程(包括被控变量、控制对象)是多种多样的。

2) 控制目标具有多样性

对于不同领域、不同生产过程,过程控制系统的控制目标有时是完全不同的,需要根据实际生产工艺和需求制定。针对同一生产过程,由于其生产流程与生产策略的不同,控制目标也不尽相同。

3) 控制方案具有多样性

工业生产过程的特点以及被控过程与控制目标的多样性决定了过程控制系统的控制方案必然具有多样性。这种多样性包括了系统的硬件组成、控制算法以及软件设计等。对于控制系统的硬件组成,早期系统由被控过程和常规检测控制仪表两部分组成;随着现代工业的发展,生产过程越来越复杂,对过程控制的要求也越来越高,目前主要以计算机作为控制器构成过程控制系统。从控制对象特点来看,有单变量过程控制系统,也有多变量过程控制系统。从控制算法应用角度来看,不但有简单的比例积分微分控制、复杂控制方法,也有包括智能控制、数据驱动控制在内的先进控制方法以及多种优化、协调和调度算法等。

2. 被控过程具有复杂性

在过程控制系统中,由于过程控制涉及范围广,被控环节多,因此生产环节中的被控过程十分复杂。

1) 被控过程属慢过程,时间常数大,且多属于多参数控制对象

过程控制系统中,为了连续、稳定地生产,经常涉及大量的物料及能量储存与转换,导致过程对象常常是一些缓慢的过程,即过程对象常常是一些有纯滞后或大时间常数的过程。例如,高炉顶部布料对高炉煤气利用率的影响具有较大的时间滞后,这种滞后导致了以布料操作为输入、煤气利用率为输出的被控过程的时间常数往往要达到小时的数量级。由于过程控制涉及的系统是靠连续的物理或化学变化而达到生产目的的,其间涉及大量的传热、传质及复杂的物理和化学变化,通常这些过程不是由一两个参数决定的。因此,过程控制系统往往是多参数的,且这些参数是互相影响、相互耦合的。

2) 过程控制回路多、控制对象复杂、建模困难

对于过程控制系统的被控对象而言,其动态特性多为大惯性、大滞后形式,且具有非线性、参数分布和时变特性等特点。而且,过程控制涉及的系统是靠连续的物理或化学变化达到生产目的的,涉及大量的传热、传质及复杂的物理和化学变化,系统控制回路通常不止一条,系统结构中往往既包括外环也存在内环。同时,在生产过程中这些对象内部时刻发生着复杂的物理、化学反应,不断影响其生产状态,互相影响、彼此关联的参数在很多时候难以量化。另外,还有一些过程系统(如酿酒发酵等)的机理直到现在还无法完全了解。因此,过程控制系统对象普遍比较复杂,对生产过程进行准确的数学建模比较困难。

3. 定值控制是过程控制的主要形式

为了确保安全、平稳、高效地运行,大多数过程控制系统面对的生产目标是保持某些参数的稳定(即要求被控参数为某一定值),如高炉炉顶压力、出铁温度、锅炉水位等,这些过程参数在生产过程中都是基本保持恒定的。因此,大多数过程控制系统属于定值控制系统,通常系统需要具有较高的抗干扰能力。

4. 标准化检测、控制仪表及装置广泛使用

过程控制仪表是实现工业生产过程自动化的重要工具,被广泛地应用于工业生产过程中。在现代过程控制系统中,通常使用标准化的过程检测仪表将被控变量转换成电流、电压等信号后送至控制器进行运算;控制器输出的控制信号送到标准化的控制仪表进行自动控制,从而实现生产过程的自动化,使被控变量达到预期的要求。此外,在大型流程工业中,仪表、控制器与执行器往往都具有标准化的网络通信接口,按照某种通信结构和协议,更加便捷地进行数据通信和系统扩展。

1.2 过程控制系统的发展历程

过程控制系统经历了由简单到复杂的发展历程，主要体现在过程控制系统结构、过程控制装置以及过程控制策略与算法的发展等方面。

1.2.1 过程控制系统结构的发展历程

过程控制技术发展较早，在20世纪30年代就已有应用。过程控制技术发展至今，在控制方式上经历了从人工控制到自动控制两个发展时期。几十年来，工业过程控制取得了惊人的发展，无论是在大规模、结构复杂的工业生产过程中，还是在传统工业过程改造中，过程控制技术在提高产品质量以及节省能源等方面均起着十分重要的作用。过程控制的发展历程，就是过程控制装置（自动化仪表）与系统的协调共同发展的历程。随着自动化及相关领域科学技术的发展，人们对利用控制装置生产出来的产品及其质量的要求越来越严格，相关的过程控制系统、控制理论与技术、自动化仪表技术与过程控制技术都得到了快速的发展。过程控制的发展经历了由简单到复杂，由低级到高级，由分散到集合，由局部到全局的过程。

1. 局部自动化阶段（20世纪五六十年代）

自20世纪50年代开始，很多中小型工厂依靠局部自动化来提高劳动生产率和改进产品质量，如缝纫机厂、自行车厂、无线电元件厂等。由于局部自动化投资少，见效快，因此易于为人们接受。这种安装在现场生产设备上的自动化仪表，只具备简单的测控功能，仅适用于小规模、局部化的过程控制，无法对整个生产过程进行自动化控制。

2. 模拟单元仪表控制阶段（20世纪六七十年代）

自20世纪70年代开始，现代工业控制进入自动化阶段，逐步开始实现整个工艺流程自动控制和管理。该阶段控制是将分散在生产过程中的各个参数检测值通过统一的模拟信号送往所有控制仪表集中部署的控制室中，所有参数的控制由多个模拟控制器在中控室计算完成，再通过模拟量下发给安装在生产过程装置上的执行器进行实施。操作员可以在控制室通过仪表盘监控生产流程各处的状况，适用于生产规模较大的多回路控制系统。

3. 直接数字控制阶段（20世纪70年代）

直接数字控制（direct digital control，DDC）系统指的是用一台计算机取代多台模拟控制器来控制执行器，使被控变量保持在给定值或其附近。直接数字控制系统利用计算机的分时处理功能对多个控制回路实现不同方式的控制，是具有多回路功能的数字控制系统。数字计算机是闭环控制系统的组成部分，计算机产生的控制变量直接作用于生产过程，因此该过程被称为直接数字控制。在直接数字控制系统中，计算机通过多点巡回检测装置对过程参数进行采样，并将采样值与存于存储器中的设定值进行比较形成偏差，然后根据预先规定的控制算法进行分析和计算，产生控制信号，通过执行器对系统被控对象进行控制。

4. 集散控制阶段（20 世纪 80 年代左右）

尽管计算机的出现，大大简化了控制功能的实现。然而 DDC 系统仅使用一台计算机取代所有回路的控制仪表实现直接数字控制，故障危险高度集中，一旦计算机出现故障，就会造成所有控制回路瘫痪，使生产过程风险加大，因此，DDC 系统并未得到广泛应用。20 世纪 80 年代左右，随着计算机性能的提高、体积缩小，出现了一种内装中央处理器（central processing unit，CPU）的可编程逻辑控制器（programmable logic controller，PLC），它除了工作速度快，体积减小，可靠性提高，成本下降，编程和故障检测更为灵活、方便外，还具有组网功能，在工业生产过程中被广泛应用。高度集中的 DDC 系统逐步被转换为多个分散的 PLC 系统。

然而，随着工业生产规模不断扩大，控制管理的要求不断提高，过程参数日益增多，控制回路越加复杂，用户关心的往往也不再只是一个个分散的控制系统，而是需要全面了解和控制整个工艺流程甚至整个工厂。分布控制系统（distributed control system，DCS）通过网络把多个控制器（PLC 或者计算机）联络起来，在中控室统一对各个分散控制器进行统一管理和协调，降低了单一控制器控制能力不足和硬件故障多发等风险。DCS 系统中各分散控制器分别只负责一部分参数的控制，实现了参数的分散实时控制，缩小了风险范围；操作员在中控室集中对所有控制回路和控制器的进行管理和协调操作，实现对整个工艺流程甚至整个工厂进行调控。DCS 系统以微处理机为基础，以分散控制、集中操作和管理为特性，集先进的计算机技术、通信技术、控制技术于一体，作为新型控制系统在工业生产中得到了广泛的应用。

5. 现场总线控制阶段（20 世纪 90 年代）

相比于传统的控制系统，DCS 系统将分散的控制器通过网络联系起来了，在功能和性能上有了很大进步，但现场和各控制器（通常集中部署在中控室中）之间的检测、反馈与操作指令等信号传递，仍然依靠大量的一对一的布线来实现，难以实现仪表之间的信息交换，并且各 DCS 厂商的网络通信也仍未被规约与统一，各 DCS 系统与其他系统间难以互联，成为信息孤岛。进入 20 世纪 90 年代后，随着计算机技术、网络技术和通信技术的发展，出现了现场总线控制系统（fieldbus control system，FCS）。FCS 是一种开放的分布式控制系统，各种仪表通过遵循相同的通信协议实现了工厂信息的互联，是对传统 DCS 的进一步完善，既消除了传统 DCS 系统与现场仪表需要单独连线的问题，也实现了 DCS 信息全局共享，目前已经广泛应用于工业生产过程自动化领域。

FCS 突破了传统 DCS 中采用专用网络的缺陷，把专用封闭协议变成标准开放协议。FCS 使控制系统具有完全数字计算和数字通信能力，一条总线能够实现现场设备之间、控制器之间以及现场设备与控制器之间的点对点、点对多点等多种方式通信，而且具备 FCS 功能的仪表（执行器）本身自带 CPU，可以利用统一组态与任务下载，使原来需要在 DCS 现场站完成的比例积分微分控制、数字滤波、补偿处理等简单控制任务动态下载到各现场端设备，进一步降低了 DCS 现场站的负荷，提高了现场设备的自处理能力。FCS 不仅可减少传输线路与硬件设备数量，节省系统安装维护的成本，而且增强了不同厂家设备的互操作性和互换性。它可以把控制功能彻底下放到现场，依靠现场智能仪表实现生产过程的检测、控制与诊断,使现场仪表或设备具有高度的智能化与功能自主性,不需要现场仪表远距离一对一地与部署在中控室的控制器进行通信,保证了FCS完全可以适应工业界对数字通信和自动控制的需求。

6.网络化控制阶段(21世纪以来)

尽管在FCS中各种现场总线都是开放协议,遵循同一种协议的不同厂家的产品可以兼容,但目前国际上有20多种现场总线协议,且各种协议并不兼容,不同总线协议的系统不易互连。并且现场总线通信协议与上层管理信息系统以及Internet所广泛采用的TCP/IP协议是不兼容的,也存在协议转换问题。因此,网络化控制是控制系统逻辑发展的必然。

网络化控制系统是指控制回路的装置通过通信网络交换信息的控制系统,是控制、计算机和通信等3C技术相交叉的产物。它的实质是将分布在不同地理空间的传感器、控制器、执行器等部件通过通信网络构成闭环反馈控制系统。其最大特点是各控制器可以更有效率地分享数据,在大实体空间内整合整体信息,做出更全局有效的决策。将大型工业控制系统进行网络互连,可实现资源共享,简化系统的配置与设计,提高系统的可操作性、可维护性和可靠性,使上层管理决策、调度与优化等任务同现场设备的控制任务连接到一起,降低大型系统的实施成本。它最重要的特征是联结了网络空间及实体空间,可以在长距离下执行多种任务。它通过共用的网络及线材传输来传递信息,省去了不必要的配线,既减少了系统复杂度,又降低了设计及架设系统需要的成本。

通信网络的使用必然将网络安全、数据延时、数据丢包等问题引入工业控制系统中,这些问题对控制系统的可靠性、安全性和实时性带来了巨大挑战,目前仍是研究的热点方向。当前工业以太网技术,如 ProfiNet、EtherCat、Ethernet/IP 等已在工业现场得到广泛的应用。

1.2.2 过程控制装置的发展历程

近年来,自动化仪表及装置向着智能化、数字化、模块化、高精度化和小型化的方向不断发展,在控制系统中的地位越来越重要。自动化仪表的发展历程主要经历了3个阶段,分别为基地式仪表、单元组合式仪表以及智能仪表。

1.基地式仪表

基地式仪表指的是将测量、显示、控制等各部分集中组装在一个表壳里形成一个整体,并且可就地安装的一类仪表。这类仪表功能综合且集中,系统结构简单,能够减少管线连接导致的滞后,常用于中小企业里数量不多或分散的就地控制系统、单机的局部控制系统、大型企业的某些辅助装置以及次要的工艺系统。为了避免集控装置的负担过重,增加控制系统的可靠性、安全性,有时也会用到基地式仪表。

2.单元组合式仪表

单元组合式仪表指的是依据控制系统中各组成环节的不同功能和使用需求,将仪表做成能实现某种功能的独立单元,包括变送单元、转换单元、控制单元、运算单元、显示单元、执行单元、给定单元和辅助单元等,这些单元采用统一的标准信号彼此联系,可以灵活组合,通用性强,适用于中、小型企业的自动化系统。当前过程工业应用中常用的标准化信号(DC 4～20mA,1～5V)也是在单元组合式仪表时代得到了统一。

3. 智能仪表

智能仪表以微处理器为核心,采用先进传感器、基于电子技术的智能变送器和智能阀门定位器。智能仪表的精度、稳定性与可靠性均比模拟式仪表更优越,并且可以输出全数字信号或模拟数字混合信号,通过现场总线通信网络与计算机相连接,满足集散系统和现场总线控制系统的应用要求。

1.2.3 过程控制策略与算法的发展历程

过程控制策略从20世纪60年代开始经历了很多发展阶段,从最初的顺序控制与Bang-Bang控制发展为现在的智能控制。

20世纪60年代及以前,主要控制方式是顺序控制与Bang-Bang控制。顺序控制是指按照生产工艺预定的顺序,将几个独立的控制动作严格按照一定的先后次序自动执行,从而保证生产过程的正常运行。顺序控制在工业生产和日常生活中应用十分广泛,如搬运机械手的顺序控制、包装生产线的控制、交通信号灯的控制等。Bang-Bang控制是工程领域中一种常见的综合控制形式,适用于控制精度要求不高的系统。根据系统的运行状况,将控制变量在整个过程中分段地取为容许控制范围的正最大值或负最大值,当控制变量超过正最大值时执行关闭(或开启)操作,低于负最大值时执行开启(或关闭)操作。以典型的定频空调制冷过程为例,当温度高于设定温度时启动制冷降温,低于设定温度时则停止工作。

进入20世纪六七十年代后,比例微分积分控制(proportional integral derivative control,PID)算法被广泛应用于各类工业生产控制中。PID算法是通过将给定值和实际输出值构成的偏差按比例、积分和微分进行线性组合计算从而对被控对象进行控制,是历史最久、生命力最强、应用最广的基本控制算法。随着生产过程迅速向大型化、连续化的方向发展,基于PID的控制方法也从简单的单回路控制向多回路控制发展,如串级控制、比值控制以及前馈控制等。

20世纪70年代以后,以适应空间探索需要而发展起来的现代控制理论应运而生,并在某些尖端技术领域取得惊人成就。现代控制理论比经典控制理论所能处理的控制问题要广泛得多,包括线性系统和非线性系统,定常系统和时变系统,单变量系统和多变量系统。它所采用的方法和算法也更适合在数字计算机上进行,它为设计和构造具有指定的性能指标的最优控制系统提供了可能性,在过程控制系统中得到一定的应用和发展。与此同时,解耦控制、推断控制、预测控制、模糊控制、人工神经网络、专家控制、自适应控制等控制策略和算法也日趋完善,并大量应用于钢铁生产、石油化工等制造型工业现场生产过程。然而,由于实际工业过程具有非线性、时变和不确定性等特点,以及过程控制工程应用中要求考虑控制的时效性和经济性等因素,以精确数学模型为基础,立足最优性能指标计算的许多复杂控制算法在应用于工业过程控制领域时面临一定的挑战。

21世纪以来,随着控制理论与人工智能等其他学科分支相互交叉、相互渗透,向着纵深方向发展,大系统理论和一系列智能控制方法开始形成,并开始应用于复杂工业过程控制领域中。大系统理论是研究规模庞大、结构复杂、目标多样、功能综合、因素众多的工程与非工程大系统的自动化和有效控制的基础理论,它是控制理论在广度上的拓展。智能控制方法则是在常规控制理论的基础上,吸收人工智能、运筹学、计算机科学与模糊数学等其他科学中的新思想和新方法,对更广阔的对象(过程)实现期望控制。

近些年随着大数据理论、人工智能、微电子、5G、网络技术等学科的高速发展,控制系统的技术工具发生了革命性的变化。目前,制造工业过程朝着智能制造、信息化、全流程控制等方向快速发展。数字孪生、云边端技术、生产全流程控制等现代化技术在此阶段中被广泛应用于工业控制中。这些技术的应用加强了设备间的互相协作,完善了面向复杂工业过程的智能化架构,满足了工业生产全流程的要求,完成了更加高效的生产。尽管目前智能控制在工业过程应用中已取得了很多进展和成果,但是随着工业化的发展,智能控制在各类工程中的应用还有待进一步开发和推广。

1.3 过程控制系统的挑战与趋势

虽然过程控制系统相关技术及其理论在不断地发展与完善,在过程控制领域的应用也日趋成熟,从过程控制发展的必要性和可能性来看,过程控制整体朝着智能化、信息化、网络化、数字化、更好的开放性以及安全、绿色、高效的方向发展,但是在未来过程控制系统的发展过程中仍然会存在各种困难与挑战。过程控制的发展方向主要包括以下几个方面。

1.基于人工智能与大数据的复杂过程高精度控制方法

在工业过程中往往存在非线性、时变性、强耦合、数学模型未知或难以准确建模、现代控制理论发展与实际应用之间不协调等问题,从工业过程控制的特点与需求出发,基于人工智能和大数据技术,探索对模型精度要求不高且能实现高质量控制的新型控制方法是重要研究方向。基于人工智能和大数据技术的控制方法往往具有建模方便、能够处理的数据量庞大且不需要深入了解过程的内部机理等特点,能够为复杂过程控制提供新的思路和实现路径。

2.面向生产全流程、全生命周期、多环节协调协作的控制方法

传统控制的重点往往是对某一个生产环节或者某几个参数的控制,这种控制方法能很好地解决小回路、局部的控制问题。虽然具备多回路集中协调管控与分层递阶的集散控制系统已经广泛应用,能够对一般生产过程进行集中的管理和控制,但是还远远不能满足面向生产过程全部工艺环节乃至整个工厂的所有生产过程的优化、协调、控制以及回溯的需求。因此,针对当前现代工业过程不断向大规模、连续化、集成化方向发展的趋势,研究生产过程全流程、全生命周期、多环节协调协作控制是过程控制的重要发展方向,可实现各个环节互联互通、互相协作,达到生产全过程的全局和全生命周期的最优化。

3. 面向工业生产的数字孪生系统

对工业生产过程及其复杂物理化学反应理解不透彻、缺乏可靠测试和验证环境、控制效果无法有效呈现等是目前工业生产控制系统研究的重要难题。近几年数字孪生技术快速发展，利用物理模型、传感器更新、运行历史等数据，集成多学科、多物理量、多尺度、多概率分析技术，能够实现实体在虚拟空间中的完全映射，反映实体装备的全生命周期过程。因此，应用虚拟映射建模、3D可视化、三维交互虚拟现实平台等手段构建工业对象的数字孪生系统，开发开放、共享、统一的工业控制系统平台，能够实现工业过程的多尺度、多层次、多流程的高精度建模，实现先进优化控制方法的有效测试与验证，实现实时交互的沉浸式无损虚拟呈现，解决过程控制系统"难理解""难实验""不可见"等问题，是过程控制重要发展方向之一。

4. 面向工业过程控制的云-边-端网络化架构

一方面，虽然现有分布在现场的底层控制器具有很好的快速性和实时性，但是由于能耗、价格、体积等因素的限制，现场控制器的计算与处理能力有限，不适于运行对算力要求较高的复杂控制与优化算法。另一方面，云计算技术的应用大大提高了复杂算法的计算速度，使得在工业过程实时控制中应用先进控制方法成为可能。因此，为了更好地利用现场控制器的实时性和云端计算的快速性，近几年提出了面向工业过程控制的云-边-端网络化架构。云-边-端网络化架构中的"云"负责进行大规模计算，"端"负责现场的实时检测与控制，"边"用以连接"端"和"云"，既可以把"端"实时运算的数据传送给"云"，也能够将"云"的计算结果传输给"端"，实现"云"与"端"的协调管理。该架构既能够保证现场控制的实时性与快速性，又能够在云上运用基于人工智能和大数据技术等需要大算力的先进方法，使得系统更加灵活与智能，是过程控制发展的重要方向之一。

5. 开源共享的先进工业软件

随着工业过程不断向大规模、连续化、集成化方向发展，工业软件的重要程度越来越高。而现有工业软件大多存在通用性与开源性不好、适用性局限等问题，不能满足现有工业过程发展的需求。因此，未来随着计算机技术、控制技术、人工智能与大数据技术等的快速发展，工业软件会贯穿研发、生产、管理、销售等全流程。现场对软件和算法的多样性、先进性、容错性和更新迭代速度要求越来越高，工业软件将会朝着智能化、柔性化、低代码化等方向不断发展，开源共享的工业软件也会越来越多。

1.4 过程控制系统的基本组成及性能指标

虽然过程控制系统具有多样性，但是普遍的过程控制系统具有一种相对统一的基本结构，本节将进行简要的描述。另外，为了评价过程控制系统的稳定性、快速性与准确性等性能，本节将描述一些广泛使用的性能指标及其计算方法。

1.4.1 过程控制系统的基本组成

一个基本的过程控制系统主要由被控对象、执行器、检测变送器、控制器等组成。图 1.4.1 中实线部分代表了一个基本的过程控制系统结构图。图中检测变送单元的作用是检测被控量,并将检测到的信号转换为标准电信号输出。控制器的作用是根据检测变送单元的输出信号与设定值信号间的偏差,按一定控制规律计算得到相应的控制信号,并经变化和放大后推动执行器。在实际生产过程中,被控量会在干扰的作用下偏离理想值而产生偏差,控制器就会按某种规定的控制规律去进行运算,从而控制执行器去改变某些变量使得被控量接近设定值。

图 1.4.1 中虚线部分所代表的是"前馈控制",对于这种控制方式而言,在扰动发生后,被控变量还未出现变化时,前馈控制器就开始进行计算,从而补偿干扰对被控量的影响。这种前馈计算如完全补偿干扰的影响,可以使被控量不再因扰动而产生偏差,比反馈控制及时。

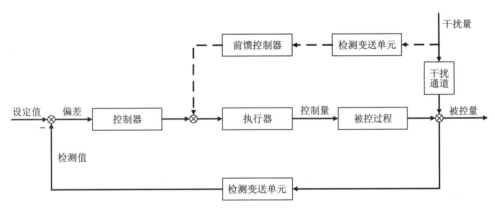

图 1.4.1 基本的过程控制系统结构图

1.4.2 过程控制系统的性能指标

工业生产过程对控制系统的性能要求主要集中在系统的稳定性、准确性与快速性。对于一个合格的控制系统,首先要满足稳定性,然后才是准确性与快速性。对于不同的控制系统而言,虽然它们的控制目的和方法策略不同,有的甚至差别很大,但是各种控制系统所具备的性能与特点,应该用一个相同的标准去描述与评判,即需要标准的过程控制系统的评价与性能指标,通常包括系统的稳定性能、动态性能与静态性能指标。

对于一个过程控制系统而言,通常有时域控制性能指标(单项性能指标)和积分控制性能指标(偏差积分型综合性能指标)两大类。时域控制性能指标主要包括衰减比、衰减率、最大动态偏差、超调量、稳态误差、调节时间与振荡频率。下面以图 1.4.2 所示的过程控制系统在阶跃输入信号作用下的阶跃响应曲线为例进行描述。

1. 衰减比与衰减率

衰减比(n)是控制系统的稳定性指标,用于衡量振荡过程的衰减程度。衰减比越大系

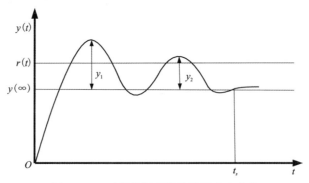

图 1.4.2 过程控制系统的阶跃响应曲线

越稳定,它等于系统阶跃响应曲线两个相邻的同向波峰值之比,可以表示为

$$n = \frac{y_1}{y_2} \tag{1.4.1}$$

对于衰减比而言,$n=1$ 表明等幅振荡,系统临界稳定;$n>1$ 表明衰减振荡,系统稳定;$n<1$ 则表明发散振荡,系统不稳定。

衡量振荡过程衰减程度的另一种指标为衰减率(ψ),它代表了每经过一个周期后,波动幅度衰减的百分数,可以表示为

$$\psi = \frac{y_1 - y_2}{y_1} \times 100\% \tag{1.4.2}$$

为保证系统有足够的稳定度,通常取 $\psi=0.75$(定值系统 $n=4:1$)或 0.9(随动系统 $n=10:1$,两个周期后趋于稳定)。

2. 最大动态偏差与超调量

在阶跃响应中,将响应曲线偏离稳态值的最大幅度称为最大动态偏差,通常最大动态偏差为响应的第一个波峰与稳态值之间的距离,如图 1.4.2 中的 y_1 所示。超调量(σ)表征过渡过程中被控量偏离设定值的超调程度,反映控制系统的稳定性,通常用最大动态偏差所占响应曲线稳态值的百分比表示

$$\sigma = \frac{y_1}{y(\infty)} \times 100\% \tag{1.4.3}$$

3. 稳态误差

稳态误差也叫残余偏差或余差[$e(\infty)$],指过渡过程结束后被控量值与设定值间的最终偏差,是衡量控制系统稳态准确性的指标,可以表示为

$$e(\infty) = r(\infty) - y(\infty) \tag{1.4.4}$$

4. 调节时间与振荡频率

调节时间也叫过渡时间,是反映过程控制系统快速性的性能指标,指被控量从过渡过程开始到进入稳态值 $\pm 5\%$ 或 $\pm 2\%$ 范围内的时间,用 t_s 表示。当系统的响应曲线中存在振荡时,其振荡周期 T 与振荡频率 f 或振荡角频率 w 的关系为

$$T = \frac{1}{f} = \frac{2\pi}{w} \tag{1.4.5}$$

在衰减率 ψ 一定的条件下,振荡频率 f 与调节时间 t_s 成反比,振荡频率越低,调节时间越长,故振荡频率也可以作为过程控制系统的快速性指标。

上述各项指标说明:各单项性能指标既相互联系又相互制约。同时满足系统各项性能指标要求是很困难的,应根据生产工艺的具体要求,分清主次,统筹兼顾,优先满足该工艺最重要的性能指标。

单项指标虽然清晰明了,但如何统筹兼顾并对这些指标进行综合,是十分重要的问题。误差的幅度及其存在的时间都与指标有关,所以采用误差积分性能指标可兼顾衰减比、超调量和调节时间等各单项指标。误差积分性能指标是系统的综合性能指标,常用于分析系统的动态响应性能和求取最优控制。为了方便说明,首先定义误差 $e(t)$ 为

$$e(t) = y(t) - y(\infty) \tag{1.4.6}$$

主要的误差积分性能指标包含以下几种。

(1) 误差积分(IE)。误差积分形式简单,能够用于估计过程控制系统的难易程度,也能用于估计控制方法的效果,可以表示为

$$IE = \int_0^\infty e(t)\,\mathrm{d}t \tag{1.4.7}$$

基于误差积分设计的系统,具有适当的阻尼和良好的瞬态响应;缺点是难以反映响应的等幅波动。因此单一的误差积分不能衡量系统的稳定性。

(2) 误差绝对值积分(IAE)。误差绝对值积分适用于衰减和无静差系统,能够反映响应的等幅波动,可以表示为

$$IAE = \int_0^\infty |e(t)|\,\mathrm{d}t \tag{1.4.8}$$

基于误差绝对值积分设计的系统,具有适当的阻尼和良好的瞬态响应;缺点是不容易确定系统的最小偏差。

(3) 误差绝对值与时间乘积的积分($ITAE$)。误差绝对值与时间乘积的积分既能反映控制的误差大小,又能反映系统的调节时间,兼顾了系统的精度和快速性,可以表示为

$$ITAE = \int_0^\infty t|e(t)|\,\mathrm{d}t \tag{1.4.9}$$

基于误差绝对值与时间乘积的积分设计的系统,瞬态响应的振荡性小,能够反映过长的调节时间;缺点是该积分性能指标的解析解计算相对复杂。

(4) 误差平方积分(ISE)。基于误差平方积分设计的控制系统,常常具有较快的响应速度和较大的振荡性,能够反映等幅波动的响应和大误差,对大误差较灵敏,可以表示为

$$ISE = \int_0^\infty e(t)^2\,\mathrm{d}t \tag{1.4.10}$$

基于误差平方积分设计的系统对大误差有较好的反映效果;缺点是按照该指标设计的控制系统容易产生振荡。各个积分控制性能指标的对比如表 1.4.1 所示。

表 1.4.1　积分控制性能指标信息表

积分控制性能指标	表达式	特点	缺点
误差积分（IE）	$IE = \int_0^\infty e(t)\mathrm{d}t$	简单、计算方便	难以反映响应的等幅波动
误差绝对值积分（IAE）	$IAE = \int_0^\infty |e(t)|\mathrm{d}t$	能够反映响应的等幅波动	不容易确定系统的最小偏差
误差绝对值与时间乘积的积分（ITAE）	$ITAE = \int_0^\infty t|e(t)|\mathrm{d}t$	能够反映长的调节时间	解析解不易获得
误差平方积分（ISE）	$ISE = \int_0^\infty e(t)^2\mathrm{d}t$	能够反映等幅波动的响应和大误差	按照该指标设计的控制系统容易产生振荡

如表 1.4.1 所示，采用不同的积分指标意味着估计整个过渡过程优良程度时的侧重点不同。例如，ISE 侧重于反映系统的较大误差，系统的衰减比可能较大；ITAE 侧重于反映过长的调节时间，但系统的振荡可能较大。对反映大的误差，ISE 比 IAE 好；而反映小误差，IAE 比 ISE 好。相比较于时域控制性能指标，误差积分指标并不能都保证控制系统具有合适的衰减率，也不能保证系统是衰减振荡。因此在使用系统评价指标时，通常先使时域指标达到要求，然后再使误差积分指标达到要求。实际工程应用中，首先在满足安全生产和经济效益要求的前提下，设计控制系统使过程变量到达合适的系统评价指标。

课后习题

1. 什么是过程控制系统？
2. 过程控制系统的性能指标有哪些？其中哪些是动态指标？哪些是静态指标？分别有什么含义？
3. 说明过程控制系统的分类方法。通常过程控制系统可以分哪几类？它们具体是什么？
4. 典型的过程控制系统由哪几部分组成？举例说明。
5. 过程控制系统的特点有哪些？
6. 什么是定值控制系统？
7. 误差积分指标有什么缺点？怎样运用才较合理？
8. 简述被控对象、被控变量、操纵变量、扰动（干扰）量、设定（给定）值和偏差的含义。
9. 某换热器的温度控制系统在单位阶跃干扰作用下的过渡过程曲线如下图所示。试分别求出最大偏差、稳态误差、衰减比、振荡周期和调节时间（设定值为 200℃）。

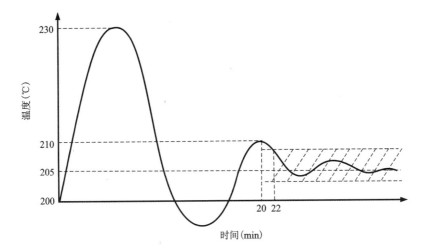

第 2 章　过程检测仪表、执行器与控制器

过程控制系统通常由检测仪表、执行器和控制器组成,控制生产过程的参量等于给定值或保持在给定范围内。一般情况下,检测仪表和执行器被安装在生产过程中,控制器部署在中央控制室中。检测仪表对目标参数进行测量并变送到控制器中,控制器对数据进行处理和计算后输出控制信号,传送到执行器控制现场设备,实现对目标参数的调节。

2.1　过程检测仪表

过程控制系统中,为了对温度、压力、流量、物位、成分等过程参数进行控制,首先需要对具体参数进行检测。如图 2.1.1 所示,检测仪表通常由敏感元件和变送器构成。敏感元件利用其物理或化学特性与被测参数敏感的特点,按照一定规律,将被测参数转换为电信号或气压信号等;变送器将该信号放大并转换为标准信号之后输出到控制器或显示器。常用标准信号为 DC 4~20mA、DC 0~10mA、DC 1~5V、DC 0~10V 和标准气动信号(如 0.02~0.1MPa)。

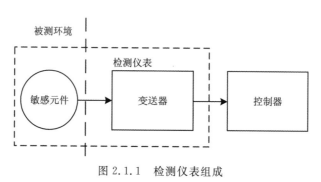

图 2.1.1　检测仪表组成

2.1.1　检测仪表的性能指标

检测仪表的性能指标通常包括准确度、灵敏度、反应时间、线性度、恒定度、重复性等。

1.准确度

仪表的准确度指每次独立测量之间,测量值与检测真值之间的差距,即与理论值的相符程度。常用相对百分比误差或允许误差描述仪表准确度,即

$$\delta = \frac{\Delta_{\max}}{M_{\max} - M_{\min}} \times 100\% \tag{2.1.1}$$

$$\delta_Y = \pm \frac{\Delta_{\max}}{M_{\max} - M_{\min}} \times 100\% \tag{2.1.2}$$

式中：δ 为相对百分误差，δ_Y 为允许误差百分比；$\Delta_{\max}$ 为绝对误差的最大值；$M_{\max}$、$M_{\min}$ 分别为标尺上限值和下限值。

仪表允许误差越小，仪表精确度越高。通常将允许相对百分误差去掉"±"及"%"号，用来表示仪表精确度等级。过程控制中常用的精确度等级有 0.005、0.02、0.05、0.1、0.2、0.4、0.5、1.0、1.5、2.5、4.0 等。精度等级数值越小，表示该仪表的准确度等级越高。工业现场用的测量仪表，精度大多在 0.5 级以下。

2. 灵敏度

仪表的灵敏度指仪表输出示数或指针线位移或角位移与引起这个位移的被测参数变化量的比值，表征能引起仪表指针发生动作的被测参数最小变化量，即

$$S = \frac{\Delta \alpha}{\Delta x} \tag{2.1.3}$$

式中：S 为仪表的灵敏度；$\Delta \alpha$ 为仪表输出值的变化量；Δx 为引起 $\Delta \alpha$ 所需的被测参数变化量。

通常情况下仪表灵敏度的数值不应大于仪表允许绝对误差的一半。

3. 反应时间

仪表的反应时间是用来衡量仪表对参数变化做出反应的速度品质指标。若反应时间长，则说明仪表需要较长时间才能给出准确的指示值，不宜用来测量变化频繁的参数。仪表反应时间反映了仪表动态特性。

4. 线性度

仪表的线性度表征的是线性仪表的输出量与输入量的实际校准曲线与理论直线的吻合程度，即

$$\delta_f = \frac{\Delta f_{\max}}{L} \times 100\% \tag{2.1.4}$$

式中：δ_f 为线性度（又称非线性误差）；$\Delta f_{\max}$ 为校准曲线对于理论直线的最大偏差（以仪表示值的单位计算）；L 为仪表的量程。

理想情况下仪表的输出与输入之间应呈线性关系。图 2.1.2 所示为理想曲线和实际曲线的关系。

5. 恒定度

仪表的恒定度通常使用变差来衡量，变差指在外界条件不变的情况下，用同一仪表对被测量在仪表全部测量范围内进行正、反行程（即被测参数由小到大和由大到小）测量时，被测量值正行和反行得到的两条特性曲线之间的最大差值（图 2.1.3），即

$$\delta_b = \max\{M_p - M_q\} \tag{2.1.5}$$

式中:δ_b 为仪表变差;M_p 和 M_q 分别为被测变量值相等时仪表正行程和反行程的测量值。

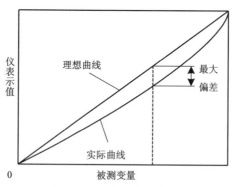

图 2.1.2　线性度示意图

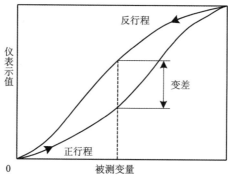

图 2.1.3　测量仪表的变差

6.重复性

仪表的重复性是指检测仪表在被测参数按同一方向作全量程连续多次变动时所得标定特性曲线不一致的程度(图 2.1.4)。

$$\delta_z = \frac{\Delta Z_{\max}}{L} \times 100\% \tag{2.1.6}$$

式中:δ_z 为重复性;$\Delta Z_{\max}$ 为同一方向多次变动时最大的偏差;L 为仪表量程。

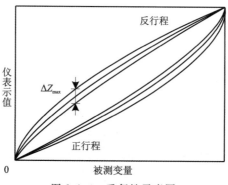

图 2.1.4　重复性示意图

2.1.2 温度检测技术与仪表

温度是工业生产和科学实验中最常见、最重要的参数之一。温度的测量方法很多,可根据被测对象的实际测量需要选择合适的方法。以测量体与被测介质接触与否为依据,可以将测量方法划分为接触式和非接触式两种,如表2.1.1所示。

表2.1.1 温度检测方法的分类

测温方式	类别	原理	典型仪表	测温范围(℃)
接触式	膨胀类	利用液体或气体的热膨胀及物质的蒸气压变化	玻璃液体温度计	−100~600
			压力式温度计	−100~500
		利用两种金属的热膨胀差	双金属温度计	−80~600
	热电类	利用热电效应	热电偶	−200~1800
	电阻类	固体材料的电阻随温度而变化	铂热电阻	−260~850
			铜热电阻	−50~150
			热敏电阻	−50~300
	电学类	半导体器件温度效应	集成温度传感器	−50~150
		晶体固有频率随温度变化	石英晶体温度计	−50~120
	光纤类	利用光纤的温度特性或作为传光介质	光纤温度传感器	−50~400
非接触式			光纤辐射温度计	200~4000
	辐射类	利用普朗克定律	光电高温计	800~3200
			辐射高温计	400~2000
			比色温度计	500~3200

1.接触式测温

接触式测温仪表是将敏感元件置于与被测对象相同的热平衡状态中,使其与被测对象保持同一温度。该类仪表相对简单可靠,但是由于敏感元件与被测对象需要进行充分热交换,测温存在一定延迟。同时由于耐高温材料的限制,无法对极高的温度进行测量,以下简要介绍几种常见接触式测温仪表。

1)双金属温度测量

双金属温度计是将两片膨胀系数不同的金属片叠焊在一起(图2.1.5),制成螺旋形感温元件,放入金属保护套管中进行温度测量的。测量对象温度变化时,两种金属片受热膨胀长度不同,从而使感温元件的自由端围绕中心轴转动一定角度,同时带动指针在刻度盘上指示出相应的温度数值。对象温度越高,感温元件转动角度越大,仪表显示数值越高。图2.1.5(a)为处于温度零点时的感温元件的状态示意图;图2.1.5(b)为受热时感温元件状态示意图。

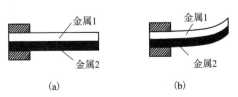

图2.1.5 双金属片感温元件状态示意图

2)热电偶类温度测量

热电偶测温技术是将两种不同材料的导体 A 和 B 串接成一个闭合回路,如图 2.1.6 所示。当两端温度不同时,回路中会产生一定大小的电流,电流大小与导体材料和温度有关,这种现象被称作热电效应。导体 A 与 B 构成的闭合回路被称为热电偶,通过测量回路中热电势的大小,即可实现对温度的测量。温度 T 端置于被测环境中,称为热端(或工作端);温度 T_0 需要保持温度恒定,称为冷端(或参考端)。根据不同材料的特性整定参数,通过查询该类热电偶的温度对照表获得实测温度。注意:在查表计算温度时,冷端取 $T_0 = 0℃$ 为参考点。

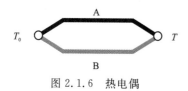

图 2.1.6 热电偶

实际使用中由于热电偶由贵重金属组成,通常比较短,冷端温度易受环境变化影响而不稳定。通常需要采用补偿导线(由低温范围内与测温热电偶有等同热电效应的廉价金属组成)延长热电偶的方式进行冷端补偿,再应用中间温度定律进行温度测量。

如图 2.1.7 所示,导体 A 与 B 为贵金属材料,导体 A′ 与 B′ 为廉价金属材料。如图 2.1.7 左上部所示,当两端点温度分别为 T_0、T_2,其热电势为 $E_{A'B'}(T_0, T_2)$;如图 2.1.7 右上部所示,当两端点温度为 T_2、T_1,其热电势为 $E_{AB}(T_2, T_1)$;如图 2.1.7 下部所示,当两端点温度为 T_0、T_1 时,其热电势为 $E_{AB}(T_0, T_1)$。各热电势满足

$$E_{AB}(T_0, T_1) = E_{A'B'}(T_0, T_2) + E_{AB}(T_2, T_1) \tag{2.1.7}$$

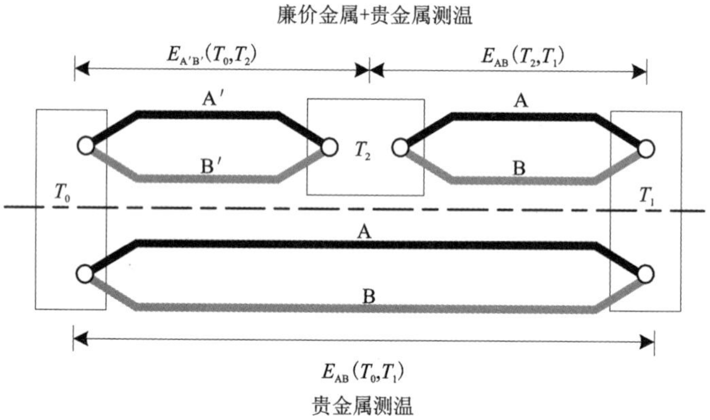

图 2.1.7 中间温度定律

在工业测量中,用廉价金属导体 A′ 与 B′ 延长测量距离,使得 T_0 端距离测量对象距离较远,温度相对稳定。测温时先检测 T_2 温度,查表得到 $E_{A'B'}(T_0, T_2)$,再测得 $E_{AB}(T_2, T_1)$,然后通过式(2.1.7)计算 $E_{AB}(T_0, T_1)$,并查表可以得到当前温度。

此外,在热电偶回路中接入中间导体(第三导体)对热电偶回路总电势没有影响,这种现象称为热电偶的中间导体定律。只要中间导体两端温度相同,中间导体的引入对热电偶回路总电势没有影响。如图 2.1.8 所示,选用导体 C 作为中间导体,导体 A、C 交接处以及导体 B、C 交接处若温度相同,则接入导体 C 不影响热电偶电势大小。

若冷端不在冰点则置于冰点瓶内以维持在0℃,实现冷端补偿后,直接测量温度。也可以利用中间温度定律,在已知导体C接入点温度的情况下,再利用式(2.1.7)计算并查表得到热端温度。

常用热电偶的使用范围及特点如表2.1.2所示。

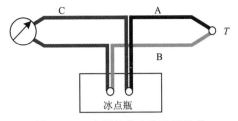

图2.1.8 中间导体定律冷端补偿

表 2.1.2 常用热电偶的使用范围及特点

热电偶名称	分度号	温度(℃)	特点	使用场合
铂铑$_{10}$-铂	S	0~1800	热点性能稳定,抗氧化性强,精度高,线性差,价格高	精密测量;有氧化性、惰性气体环境
铂铑$_{30}$-铂铑$_6$	B	0~1700	稳定性好,抗氧化性强,线性较差,价格高	高温测量;不适用于还原气体环境
镍铬-镍硅	K	-200~1300	线性好,热电动势大,价格低	中高温测量
镍铬-康铜	E	-200~1000	热电动势较大,耐磨蚀,价格低,稳定性好	中低温测量;有氧化性、惰性气体环境
铁-康铜	J	-200~1300	价格便宜,热电动势较大	化工过程温度测量
铜-康铜	T	-200~400	精度高,价格低,但铜易氧化	低温测量

3)热电阻类温度测量

热电阻类温度检测是利用当环境温度发生变化时,金属导体或半导体的阻值会随之发生变化的原理进行测量的。其阻值随温度变化的程度用电阻温度系数表示

$$\alpha = \frac{R_t - R_{t_0}}{R_{t_0}(t - t_0)} = \frac{\Delta R}{\Delta t R_{t_0}} \tag{2.1.8}$$

式中:α 为电阻温度系数;R_t、R_{t_0} 分别为温度 t、t_0 时热电阻的阻值。

工业上常用的热电阻有铂电阻、铜电阻、镍电阻等,其材质、分度号、适用范围如表2.1.3所示。

表 2.1.3 常用金属热电阻信息

材质	分度号	温度(℃)
铂	Pt10	0~850
	Pt100	-200~850
铜	Cu50	-50~150
	Cu100	
镍	Ni100	-60~180
	Ni300	
	Ni500	

在实际应用中,还需要选择合适的接线方式以保证测量精度和稳定性。接线方式有二线制、三线制和四线制,其中二线制和三线制较为常用,四线制一般只用于精确度要求较高的测量。三种接线方式如图 2.1.9 所示,图中 $R(t)$ 为热电阻感温元件,E 为供电电源,$C(t)$ 为温度测量。

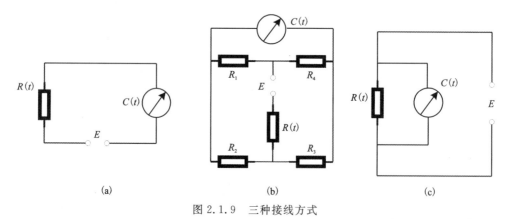

图 2.1.9　三种接线方式

二线制接线是在热电阻感温元件 $R(t)$ 两端各引一条导线,如图 2.1.9(a)所示。该引线方式接线简单,成本低。但是由于存在引线电阻且引线电阻会发生变化,容易引入附加误差。二线制接线法常用于对测量精度要求不高的简单场景。

三线制接线是在感温元件 $R(t)$ 一端连接两根导线,另一端连接一根导线,如图 2.1.9(b)所示。热电阻的两根导线分别置于相邻两桥臂内,当电桥平衡时有

$$[R(t) + R_3]R_1 = R_2 R_4 \tag{2.1.9}$$

可以求得热电阻的阻值为

$$R(t) = \frac{R_4}{R_1} R_2 - R_3 \tag{2.1.10}$$

当 $R_1 = R_4$ 时,$R(t) = R_2 - R_3$。三线制接法能够较好地消除引线电阻导致的误差,具有较高的测量精度,在实际工程中得到了广泛的应用。

四线制接线是从热电阻感温元件的两端各引出两根导线,如图 2.1.9(c)所示。其中两根导线为热电阻提供恒流源,在热电阻上产生压降,并通过另外两根导线引至电位计进行测量。四线制接法能完全消除引线电阻的影响,主要用于高精度的温度测量。

2.非接触式测温

非接触式温度传感器的敏感元件与被测对象不接触,可以用来测量运动物体、小目标和热容量小或温度变化迅速的对象的表面温度,也可以用来测量二维平面或三维立体的温度分布或温度场。以下简介几种常见的非接触式测温仪表。

1)光纤温度传感器

光纤温度传感器由光发射器、光接收器、探头以及光纤组成,其结构如图 2.1.10(a)所示。其中探头如图 2.1.10(b)所示。传感器探头中的光纤在不锈钢管间被切断,断面间夹有一块半导体感温薄片,这种半导体薄片透射光的强度随温度变化而变化。当光纤一端输

入恒定光强的光时,由于半导体薄片透射能力随温度变化,光纤另一端接收原件所接收的光强也随温度变化而变化。通过测量光接收器输出的电压,就能测得探头处的温度。严格上说,光纤温度传感器介于接触式测温和非接触式测温之间。

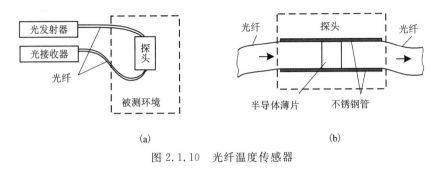

图 2.1.10 光纤温度传感器

2)辐射类温度测量

辐射类温度测量的原理是普朗克定律,辐射类温度计主要包括光电高温计、辐射高温计和比色温度计。在传统的观念中,对于物体温度的概念就是其热辐射的情况,然而实际上对于一个定量的热辐射来说,其对应温度并不是固定值,所以依据热辐射来判断物体温度并不准确。在辐射测温学说当中,为弥补热辐射测温的漏洞,就有了表观温度的概念,主要包括亮度温度、辐射温度和颜色温度,三种辐射温度计也是依据这一概念产生的。

光电高温计利用物体在某一单色波长下辐射强度(辐射亮度)与温度的关系进行测温。在测温时利用亮度平衡原理,将待测物体成像在高温计的内附钨丝灯的灯丝平面上,然后调节灯丝电流以使两者亮度相同,最后由灯丝回路中的电流指示出物体的温度。由于准确度较低,光电高温计目前在实际中应用较少。

辐射高温计是根据物体在整个波长范围内的辐射能量与其温度之间的函数关系设计制造的。辐射高温计属于透镜聚焦式感温器,运用热辐射效应原理,将热辐射聚焦在热敏元件上,继而转变成电参数。辐射高温计属于相对简易的非接触性测温仪表,被广泛运用于冶金、机械、化学工业等领域。

比色温度计主要根据被测物体发射出的两个单色波长辐射能量之比来确定物体温度,它将被测物体不同波长的能量通过滤波器送到探头,再由探头转换成电信号输出。比色温度计测温范围为500～3200℃,常搭配观测管使用,可有效减少周遭环境的干扰而获得较为精准的数据。

2.1.3 压力检测技术与仪表

压力是工业生产过程中重要的过程参数之一。在一些工业过程中,压力被直接测量并用来控制,如锅炉的炉膛压力、烟道压力、加热炉压力等;有些过程中通过测量压力来间接反映其他难以直接测量的参数,如温度、流量、成分等。

1.压力的概念

压力是指由气体或液体均匀垂直地作用于单位面积上的力,在国际单位制中其单位名称为帕[斯卡],简称帕(Pa),在过程控制中使用的压力单位还有工程大气压、标准大气压、毫米汞柱和毫米水柱等。图2.1.11所示为过程控制中常使用的几种被测压力,具体定义如下。

绝对压力:指相对于绝对真空所测得的压力。环境大气压力就是绝对压力。

表压力:指高于大气压力的绝对压力与大气压力之差。

真空度:当测点绝对压力低于大气压力时,大气压力与绝对压力之差。

差压:指任意两个测点之间的绝对压力差值。

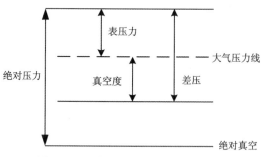

图 2.1.11 各种压力表示法间的关系

2.压力检测的主要方法

常用的压力计的性能特点及应用场合如表2.1.4所示。

表 2.1.4 各类压力计的性能特点及应用场合

种类	主要特点	应用场合
弹性式压力计	测压范围宽,使用范围广,结构简单,使用方便,价格低廉;但有弹性滞后现象	可测压力或负压力,可现场指示、远传、记录、报警和控制,可测易结晶与腐蚀性介质的压力与负压力
液柱式压力计	结构简单,使用方便;测量精度受工作液毛细管作用、密度等因素影响;测压范围较窄,只能测低压与微压;若用水银作为工作液,则易造成环境污染	可测低压与负压,可作为标准计量仪器
电气式压力计	按作用原理不同,还可分为振频式、压电式、压阻式等;根据不同形式,输出信号可以是电阻、电流、电压或频率等;适用范围较宽	可用于远传和自动控制,适用于压力变化快、压力脉动变化、高真空和超高压场合
活塞式压力计	测量精度高,可达0.05%~0.02%;结构复杂,价格较高;精度受温度、浮力等因素影响,使用时需要修正	作为标准计量仪器用于检定低一级活塞式压力计或检验精密压力计

3.几种常用压力计简介

1)弹性式压力计

弹性式压力计是利用各种形式的弹性元件在被测介质压力作用下使弹性元件受压后产

生弹性变形的原理而制成的测压仪表。它的优点是结构简单、读数清晰、牢固可靠、价格低廉、测量范围宽且有足够精度等。弹性式压力计可用来测量几百帕到数千兆帕范围内的压力,是一种简易可靠的测压敏感元件。当测压范围不同时,所用的弹性元件也不一样。

图 2.1.12(a)、(b)所示为弹簧管式弹性元件,图 2.1.12(c)、(d)所示为薄膜式弹性元件,图 2.1.12(e)所示为波纹管式弹性元件。

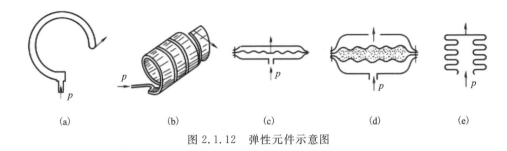

图 2.1.12 弹性元件示意图

2) 应变式压力传感器

应变式压力传感器属于电气式压力计,它利用电阻应变原理构成,其敏感元件应变片是由金属导体或半导体材料制成的电阻体。应变片基于应变效应工作,当它受到外力作用产生机械形变(伸长或收缩)时,应变片的阻值也将发生变化。

应变片的电阻值相对变化与应变的关系为

$$\frac{\Delta R}{R} = K\varepsilon \tag{2.1.11}$$

式中:$\frac{\Delta R}{R}$ 为电阻的变化率;ε 为材料的应变;K 为材料的电阻应变系数,金属材料的电阻应变系数通常为 2~6,半导体材料的电阻应变系数为 60~180。

在应变片的测压范围内,其阻值的相对变化与应变系数成正比。通常应变片要和弹性元件结合使用,将应变片粘贴在弹性元件上,构成应变片压力传感器。应变片压力传感器所用弹性元件可以根据被测介质和测量范围的不同而采用各种形式,常见的有圆膜片式、弹性梁式、应变筒式等。

当弹性元件受压形变时带动应变片发生形变,其阻值发生变化,通过电桥输出测量信号。例如应变筒式压力仪表的压力传感器的传感筒如图 2.1.13(a)所示,测量电路如图 2.1.13(b)所示。图中 r_1 和 r_2 为正交布置的应变电阻,r_3 和 r_4 是电桥电阻。

应变片式压力检测仪表具有较大的测量范围,被测压力可达几百兆帕,并具有良好的动态性能,适用于快速变化的压力测量。但是,尽管测量电桥具有一定的温度补偿作用,应变片式压力仪表仍有比较明显的温漂和时漂。因此,这种压力检测仪表较多地应用于要求不高的动态压力检测场景中,测量精度一般在 $\pm(0.5\sim1.0)\%$。

3) 压阻式压力传感器

压阻式压力传感器利用单晶硅的压阻效应原理制成。单晶硅片为弹性元件,利用集成电路工艺在其膜片上的特定方向扩散一组等值电阻,并将电阻接成桥路。当压力发生变化时,单晶硅产生应变,使直接扩散在上面的应变电阻产生与被测压力成比例的变化,再由桥

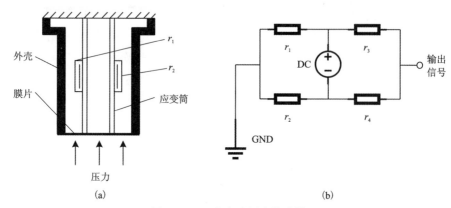

图 2.1.13 应变式压力传感器

式电路获得相应的电压输出信号。它的特点是精度高、工作可靠、频率响应高、迟滞小、尺寸小、质量轻、结构简单、便于实现显示数字化;可以测量压力,稍加改变,还可以测量差压、高度、速度、加速度等参数。图 2.1.14(a)所示为其基本结构,图 2.1.14(b)所示为单晶硅片。

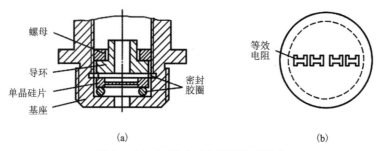

图 2.1.14 压阻式压力传感器的组成

2.1.4 流量检测技术与仪表

介质流量是控制生产过程达到优质高产、安全生产以及进行经济核算所必需的一个重要参数。单位时间内流过管道某一截面的流体数量的大小称为瞬时流量。当用流体的体积描述瞬时流量大小时称瞬时流量为体积流量;以流体的质量描述瞬时流量大小时称瞬时流量为质量流量。

体积流量表征的是单位时间内通过管道某截面的物料的体积,记为 q_v,常用单位有 m^3/h、L/h 等。若管道内各截面流速相等,则体积流量与流速关系为

$$q_v = vA \tag{2.1.12}$$

式中:v 为某一截面上流体平均流速;A 为管道横截面积。

质量流量表征单位时间内通过某一截面物料的质量,记为 q_m,常用单位有 kg/h 等。若流体密度为 ρ,则

$$q_m = \rho q_v \tag{2.1.13}$$

介质总流量是指在某一段时间内流过管道的流体流量的总和,即瞬时流量在某一段时间内的累计值。相应地,总流量也分为体积总流量(Q_v)和质量总流量(Q_m)。

$$Q_v = \int_0^t q_v \mathrm{d}t \tag{2.1.14}$$

$$Q_m = \int_0^t q_m \mathrm{d}t \tag{2.1.15}$$

由于流量检测条件的多样性和复杂性,所以检测流量的手段多样,种类繁多。按照检测量的不同,可分为体积流量检测和质量流量检测;按照测量原理,又可分为容积式、速度式、节流式和电磁式。

几种主要流量计的性能比较如表 2.1.5 所示。

表 2.1.5 几种主要流量计的性能比较

名称	被测介质	测量精度	安装直管段要求	制造成本
容积式流量计	气体、液体	±(0.2~0.5)%	不需要直管段	较高
涡轮式流量计	气体、液体	±(0.5~1)%	需要直管段	中等
转子式流量计	气体、液体	±(1~2)%	不需要直管段	低
差压式流量计	气体、液体、蒸汽	±2%	需要直管段	中等
电磁式流量计	导电性液体	±(0.5~1.5)%	上游需要直管段,下游不需直管段要	高

以下简介几种常见流量计的基本原理。

1.差压式流量计

差压式(也称节流式)流量计是基于流体流动的节流原理,利用流体流经节流装置时产生的压力差而实现流量测量。流体在有节流装置的管道中流动时,在节流装置前后的管壁处,流体的静压力产生差异的现象称为节流现象。孔板装置及压力、流速分布图如图 2.1.15 所示。节流装置就是在管道中放置的一个局部收缩元件,应用最广泛的是孔板,其次是喷嘴、文丘里管等。

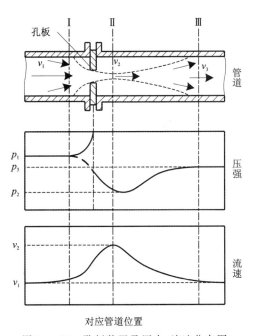

图 2.1.15 孔板装置及压力、流速分布图

流体在管道界面Ⅰ前,还未受到截流元件影响,记此处静压力为 p_1,平均流速为 v_1,流体密度为 ρ_1;在接近节流元件处,由于流通面积减小,流束收缩,流速增加;通过孔板后,在截面Ⅱ处流束达到最小,流速达到最大 v_2,此时记静压力为 p_2,流体密度为 ρ_2;之后流束逐渐扩大,速度减慢,到截面Ⅲ后平均流速 v_3 恢复为 v_1;但是由于流通截面积的变化,使流体产生了局部涡流,损耗了能量,所以静压力 $p_3 < p_1$,存在压力损失。

对于不可压缩流体,流量与压差之间定量关系遵循流量基本方程式

$$q_v = \alpha \varepsilon A_0 \sqrt{\frac{2}{\rho} \Delta p} \quad (2.1.16)$$

$$q_m = \alpha \varepsilon A_0 \sqrt{2\rho \Delta p} \quad (2.1.17)$$

式中:α 为流量系数,与节流装置的结构形式和面积比、流体的取压方式和特性等有关;ε 为可膨胀性系数,对于不可压缩的流体,可膨胀系数为 1;A_0 为节流件的开孔面积;ρ 为节流装置前的流体密度;$\Delta p = p_1 - p_2$,为节流装置前后实际测得的压差。

在孔板前后的管壁上分别选择两个固定的取压点测量压差,即可根据流量基本方程式计算出流量大小。

2. 转子式流量计

中、小流量的测量常用转子式流量计,它由一个自下向上的垂直锥管和一个可以沿锥管轴向上下自由移动的浮子组成,如图 2.1.16 所示。

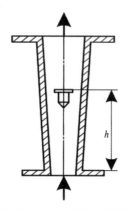

图 2.1.16 转子式流量计

转子式流量计采用的是恒压降、变节流面积的流量测量方法。转子平衡条件是所受浮力与重力相等,即

$$\xi \frac{\rho v^2}{2} A_f = V_f g (\rho_f - \rho) \quad (2.1.18)$$

式中:ξ 为流通系数;ρ 为被测介质密度;v 为环形流通面积中的流体平均流速;A_f 为最大环形流通面积;V_f 和 ρ_f 分别为转子的体积和材料密度;g 为重力加速度。

当转子处于平衡状态时,其质量流量与高度的关系为

$$q_v = \alpha \varphi h \sqrt{\frac{(\rho_f - \rho)}{\rho}} \quad (2.1.19)$$

式中:α 为转子流量计的流量系数;φ 为转子顶部位置的通道截面积;h 为转子距离流量计下边缘的距离。

3. 电磁式流量计

电磁式流量计是一种测量导电流体体积流量的仪表,其原理是在不导磁材料制成的流体管道外放置永久磁体并产生垂直于管道方向的均匀磁场,根据电磁感应定律,当导电流体在管道中流动时,导电液切割磁感线,在磁场及流动垂直方向上产生感应电动势,通过在管道上安装一对电极来测量该电位差。当磁感应强度 B 与管道直径 D 一定时,设流体平均流速为 v,则感应电动势的大小为

$$E = BDv \quad (2.1.20)$$

被测介质的体积流量与流速的关系为

$$q_v = \frac{1}{4} \pi D^2 v = \frac{\pi D}{4B} v \quad (2.1.21)$$

可见,在管道直径和磁感应强度一定时,体积流量与感应电动势之间具有线性关系。电磁式流量计反应灵敏,精度高,线性好,且不受流体温度、压力、密度、黏度等参数影响,但是只能用于导电液体测量,对于气体、蒸汽或导电率低的液体并不适用。

4.质量流量计

科里奥利式质量流量计是一种常用的质量流量计,利用流体在振动管道中流动时产生的科里奥利力(简称科氏力)与质量流量成正比来直接测量质量流量。图 2.1.17 所示为科里奥利式质量流量计原理示意图。

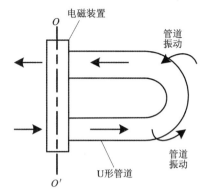

图 2.1.17 科里奥利式质量流量计

传感器主体是一根 U 形管道,其液体流入和流出端固定。U 形管顶端安装电磁装置,使传感器以 O—O' 为轴按照固有自振频率振动,振动方向垂直于 U 形管所在平面。U 形管中的流体在沿管道流动的同时会随管道作垂直运动,此时流体产生科氏加速度,并以科氏力反作用于 U 形管。由于液体在 U 形管上下两侧的流动方向相反,所以作用于两侧的科氏力大小相等、方向相反,形成一个作用力矩。U 形管在此力矩的作用下发生扭曲,其扭曲角度(简称扭角)与通过流体质量流量相关。在 U 形管两侧中心平面处安装两个电磁传感器,可以测出扭角大小,从而计算质量流量,其关系式为

$$q_\mathrm{m} = \frac{K_\mathrm{s}\theta}{4\omega\gamma} \tag{2.1.22}$$

式中:K_s 为扭转弹性系数;θ 为扭角;ω 为角速度;γ 为 U 形管跨度半径。

也可用传感器测 U 形管两侧通过中心平面的时间差 Δt 来测量质量流量,即

$$q_\mathrm{m} = \frac{K_\mathrm{s}}{8\gamma^2}\Delta t \tag{2.1.23}$$

2.1.5 物位检测技术与仪表

在生产过程中,常需要对容器中储存的固体、液体的储量进行测量,以保证生产的正常运行和物料之间的动态平衡。由于容器底面积往往是固定的,所以可以通过检测物料高度以获得其储量信息。也就是说在过程控制中,物位常常是指物料的高度,通常包括:液位,即容器中液体的液面高度;料位,即容器中固体或颗粒状介质的堆料高度;界位,即液体与液体、液体与固体之间分界面的高度等。各类物位检测仪表的主要特征如表 2.1.6 所示。

表 2.1.6 物位检测仪表的分类及其主要特征

类别		适用对象	测量范围(m)	允许温度(℃)	允许压力(MPa)	测量方式
直读式	玻璃管式	液位	<1.5	100~150	常压	连续
	玻璃板式	液位	<3	100~150	6	连续
静压式	压力式	液位	50	200	常压	连续
	吹气式	液位	16	200	常压	连续
	差压式	液位、界位	25	200	40	连续

续表 2.1.6

类别		适用对象	测量范围(m)	允许温度(℃)	允许压力(MPa)	测量方式
浮力式	浮子式	液位	2.5	<150	6	连续、定点
	浮筒式	液位、界位	2.5	<200	32	连续
	翻板式	液位	<2.4	−20~120	6	连续
电气式	电阻式	液位、料位	安装位置决定	200	1	连续、定点
	电容式	液位、料位	50	400	32	连续、定点
其他	超声式	液位、料位	60	150	0.8	连续、定点
	微波式	液位、料位	60	150	1	连续
	称重式	液位、料位	20	常温	常压	连续
	核辐射式	液位、料位	20	无要求	随容器定	连续、定点

以下介绍几种常用物位检测仪表的基本原理。

1. 差压式液位计

在密闭容器中，容器底部的液体压力不仅与液位高度有关，还与液面上部介质压力有关。图 2.1.18 所示为差压式液位计工作原理，将容器底部反映液位的压力引入液位计的高压侧，液面上部的介质压力引入液位计的低压侧。

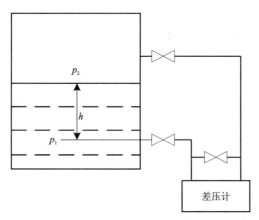

图 2.1.18 差压式液位计工作原理

设被测液体密度为 ρ，液位高度为 h，液面上部介质压力为 p_2，根据静力学原理，液位计高压侧的压力为

$$p_1 = \rho g h + p_2 \tag{2.1.24}$$

则液位计两端的压差为

$$\Delta p = p_1 - p_2 = \rho g h \tag{2.1.25}$$

可见，当容器内被测介质密度一定时，压差与液位高度成正比，即通过测量该压力差得到液位高度。

2. 电容式物位计

电容式物位计的工作原理是：根据电极板之间介质的介电常数 ε 不同所引起的电容变化求得被测介质的物位。它由电容物位传感器和测量电路两部分构成，适用于多种导电介质和非导电介质的液位测量，以及颗粒状或粉末状固体物位测量，且便于信号远传。应用较广泛的一种同心圆柱式电容式物位计如图 2.1.19 所示。

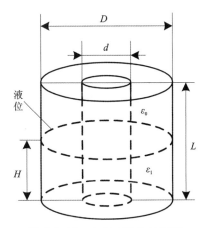

图 2.1.19 电容式物位计原理

图中同心圆柱式电容的外极板直径 D 和内极板直径 d 一定，当极板间全为空气时，内外电极板之间的电容量 C_0 大小与极板长度 L 和介质的介电常数关系为

$$C_0 = \frac{2\pi\varepsilon_0 L}{\ln(D/d)} \tag{2.1.26}$$

式中：ε_0 为空气的介电常数。

当极板间一部分被浸于存储介质中时，电容量为

$$C = \frac{2\pi\varepsilon_1 H}{\ln(D/d)} + \frac{2\pi\varepsilon_0 (L-H)}{\ln(D/d)} \tag{2.1.27}$$

式中：ε_1 为存储介质的介电常数；C 是此时的电容量。

可见，只要测出电容即可得到物位的高度。

3. 超声波物位计

超声波物位计是利用回声测距原理，通过测量超声波传播时间来确定液位，由超声换能器（超声探头）和电子装置组成，如图 2.1.20 所示。电子装置产生交变电信号作用于安装在容器底部的换能器；换能器通过压电晶体将电脉冲转换为机械振动，以超声波形式进入液体；进入液体的超声波传播到液-气界面时发生反射；换能器中的压电晶体接收到反射的超声波后产生机械振动，并将其转换成电信号；根据超声波发射到反射波接收的时间差，计算出当前液位高度。

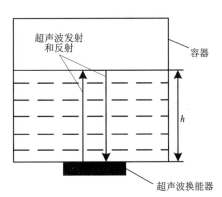

图 2.2.20 超声波物位计原理

$$h = \frac{1}{2}vt \tag{2.1.28}$$

式中：h 为物位高度；v 为超声波波速；t 为超声波发射到反射的时间差。

2.1.6 软测量技术

在实际生产过程中,存在许多因为技术或经济原因无法通过传感器直接测量的过程变量。为了解决这个问题,软测量技术应运而生。软测量技术是利用易测过程变量(称为辅助变量或二次变量)与难以测量或暂时不能测量的待测过程变量(称为主导变量)之间的数学关系(软测量模型),通过计算、推断或者估计等方法,间接实现对待测过程变量的测量,以软件算法来代替硬件功能。

1. 软测量的数学描述

软测量的目的是利用可以获得的信息求取主导变量的最佳估计值,即构造从可测信息集到估计值 $\hat{y}$ 的映射,其中可测信息集通常包括但不限于辅助变量 θ、控制变量 u 和可测扰动 d。软测量可表示为 $\hat{y} = f(d, u, \theta)$,如图 2.1.21 所示。

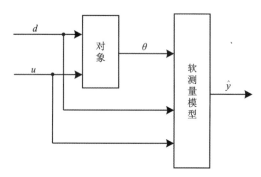

图 2.1.21 软测量模型的基本思想

2. 常用的软测量建模方法

目前常用的软测量建模方法包括工艺机理分析、回归分析、状态估计、人工智能等方法。

1) 基于工艺机理分析的建模方法

运用物料平衡、能量守恒、化学反应和动力学等原理,通过对过程对象的机理分析,找出不可测主导变量与可测辅助变量之间的关系,建立机理模型,从而实现对某一参数的软测量。对于工艺机理较为清楚的工艺过程,该方法能构造出性能良好的软仪表;但是对于机理研究不充分、尚不完全清楚的复杂工业过程,则难以建立合适的机理模型。

2) 基于回归分析的建模方法

通过实验或仿真结果的数据处理,构建回归模型进行计算。以最小二乘法为典型代表的经典回归技术,目前已经较为成熟,应用范围相当广泛,常用于线性模型的拟合。对于辅助变量较多的情况,通常还要借助机理分析,首先获得模型各变量的大致框架,然后采用回归方法获得软测量模型。基于回归分析的软测量建模方法简单实用,但是需要有足够有效的样本数据,对测量误差较为敏感。

3) 基于状态估计的建模方法

依据控制论相关方法,从已知的知识或数据出发,估计出过程位置结构、结构参数和过程参数。如果系统的主导变量作为系统状态变量且对于辅助变量是完全可观的,则软测量问题可转化为典型的状态观测和状态估计问题。采用 Kalman 滤波器或 Luenberger 观测器是解决问题的有效方法,前者适用于观测白色或静态有色噪声的过程,后者适用于观测无噪声且所有过程输入均已知的情况。

4) 基于人工智能算法的建模方法

利用人工神经网络、模糊系统、强化学习等人工智能方法进行基于数据的建模,是当前工业领域备受关注的研究热点之一。该类方法通常不依赖对象的大量先验知识,而根据对象输入和输出数据直接建模,在解决高度非线性和严重不确定性系统控制方面具有巨大潜力。其并行处理、容错性和分布式处理等特点对建立软测量模型十分有利。基于人工智能的软测量方法是将过程中易测的辅助变量作为输入,将主导变量作为输出,通过学习或者规则来解决主导变量的软测量问题。

2.2 执 行 器

执行器是过程控制系统中不可缺少的重要组成部分,通常由执行机构和调节机构两部分组成,如图 2.2.1 所示。

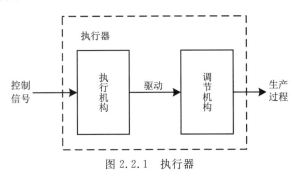

图 2.2.1 执行器

执行器接受控制器(调节器)的控制信号,通过执行机构将其转换成角位移或直线位移,去改变阀门等调节机构的流通面积,从而调节流入或流出被控过程的物料或能量(即控制量),实现对温度、压力、流量等过程参数的控制。执行机构是执行器的推动部分,调节机构是执行器的调节部分。

2.2.1 执行机构

根据使用能源的不同,执行机构可以分为电动、气动和液动三类。

1.电动执行机构

电动执行机构通常以电动机为驱动源,以直流电流或电压作为控制及反馈信号,原理如图 2.2.2 所示。来自调节器的输出信号作用到伺服放大器输入端,在伺服放大器内与执行机构输出的位置反馈信号比较得到差值,进行功率放大后驱动伺服电机转动,经过减速器减速后带动输出轴直行程式移动或角行程式转动,从而操纵配套的调节机构动作,如直行程式的单座阀、角行程式的蝶阀。

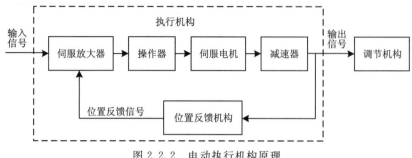

图 2.2.2 电动执行机构原理

一般来说,电动执行机构电源取用方便,不需增添专门装置;动作灵敏、精度较高、信号传输速度快、传输距离长,便于集中控制;在电源中断时,电动执行器能保持原位不动,不影响主设备的安全;电动控制仪表配合方便,安装接线简单。但电动执行机构的体积较大、成本较贵、结构复杂、维修麻烦,只能应用于防爆要求不太高的场合。

2. 气动执行机构

气动执行机构通过压缩气体提供动能,推动调节机构运动改变流通面积,主要有薄膜式和活塞式两种。气动薄膜式执行机构由膜片、推杆和平衡弹簧等部分组成。如图 2.2.3 所示,气动执行器接收标准压力信号后经膜片转换成推力,克服弹簧力后,使推杆产生位移,实现调节作用。

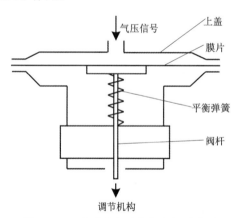

图 2.2.3 薄膜式气动执行机构示意图

气动活塞式执行机构按其作用方式可分成两位式和比例式两种。两位式执行机构根据输入活塞两侧的操作压力差来完成推进,活塞由高压侧推向低压侧,使推杆由一个极端位置推移至另一个极端位置。比例式执行机构根据输入信号压力与推杆的行程成比例关系完成推进,它与阀门定位器配用。阀门定位器是按力矩平衡原理,实现一定输入信号对应一定阀杆位置输出,实现对阀杆位移进行精确控制的机构。阀门定位器可克服执行机构存在的摩擦力,实现调节机构阀芯位置的准确控制。

气动执行机构结构简单,易于掌握和维护,容易操作和校准;具有安全防爆功能;比电动和液动执行机构成本低。气体具有可压缩性,特别是当使用大型气动执行器时,空气填充气缸和排空气缸需要时间,导致气动执行机构响应较慢,控制精度较差,抗偏差能力较弱。

3. 液动执行机构

液动执行机构的原理与气动执行机构类似,只是以液压传递作为动力来源。由于液体的不可压缩性,液动执行机构传动平稳可靠,有缓冲无撞击现象,适用于需要大推力、对传动要求较高、抗偏离能力强的场合,如三峡船阀等。但液动执行机构的造价昂贵,体积庞大,笨重,以及其油液存在危险性,因此在过程控制中应用较少。

2.2.2 调节机构

调节机构是执行器的调节部分,是一个局部阻力可变的节流元件。在执行机构输出力(力矩)作用下,阀芯在阀体里移动,改变阀芯与阀座之间的流通面积,即改变了调节机构的阻力系数,从而使被控介质的流量发生相应变化,达到改变工艺变量的目的。

1. 调节阀的结构

调节阀通常由阀体、阀座、阀芯、阀杆等零部件组成,如图 2.2.4 所示。

由于调节阀直接与被控介质接触,为适应各种使用要求,阀体、阀芯有不同的结构,使用的材料也各不相同。根据不同场合和使用要求,调节阀的结构形式主要有以下几种。

1) 直通单座调节阀

阀体内只有一个阀芯与一个阀座,如图 2.2.5 所示,执行机构输出的推力通过阀杆使阀芯产生上、下方向的位移;流体从左侧流入,从右侧流出。此阀的特点是结构简单,泄漏量小,不平衡力大,容易关闭;缺点是在压差大的时候,流体对阀芯上下作用的推力不平衡,这种不平衡力会影响阀芯的移动。

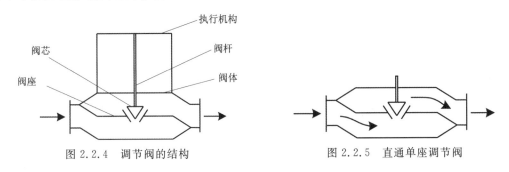

图 2.2.4 调节阀的结构   图 2.2.5 直通单座调节阀

2) 直通双座调节阀

阀体内有两个阀芯和阀座,如图 2.2.6 所示,流体从左侧进入,经过上下阀芯后再汇合,并从右侧流出。该阀的特点是不平衡力小,允许差压大,泄漏量也大;适用于阀两端压差较大、泄漏量要求不高的场合,不适用于高黏度场合。

3) 角形调节阀

阀体呈直角形,流体从底部进入,然后流经阀芯后从阀侧流出,如图 2.2.7 所示。该阀流路简单,阻力小,适用于安装现场管道要求用直角连接或高压差、高黏度,含有悬浮物和固体颗粒的场合。

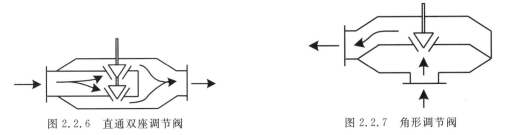

图 2.2.6 直通双座调节阀   图 2.2.7 角形调节阀

4)三通阀

阀体上有三个通道与管道相连,其流通方式有两种:一种介质分成两路的分流型,如图2.2.8(a)所示;两种介质混合成一路的合流型,如图2.2.8(b)所示。三通阀适用于配比调节与旁路调节等。

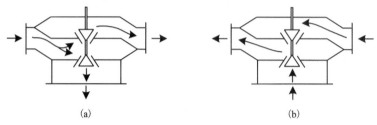

图 2.2.8 三通阀

除以上几种调节阀外,还有高压阀、蝶阀等。各调节阀特点如表2.2.1所示。

表 2.2.1 常见调节阀的特点

名称	主要优点	应用注意事项
直通单座阀	泄漏量小	阀前后压差小
直通双座阀	流量系数及允许使用压差比同口径单座阀大	泄漏量较大
隔膜阀	适用于强腐蚀、高黏度或含有悬浮颗粒以及纤维的流体。在允许压差范围内可作切断阀用	耐压、耐温较低,适用对流量特性要求不严的场合
角形阀	适用于高黏度或含悬浮物和颗粒状物料的场合	输入与输出管道成角形安装
高压阀	结构较多级高压阀简单,用于高静压、大压差、有气蚀、空化的场合	介质对阀芯的不平衡力较大,必须选配定位器
多级高压阀	基本上可解决以往调节阀在控制高压差介质时寿命短的问题	必须选配定位器
三通阀	在两管道压差和温差不大的情况下能很好地代替两个二通阀,并可用作简单的配比调节	两种流体的温差小于150℃
碟阀	适用于大口径、大流量和浓稠浆液及含悬浮颗粒的场合	流体对阀体的不平衡力矩大,一般蝶阀允许压差小

2.调节阀的特性

执行机构具有正作用和反作用两种形式。当输入控制信号(电信号或气压信号)增加时推杆带动阀芯向下移动的称为正作用;当输入控制信号增加时推杆带动阀芯向上移动的称为反作用。调节机构有正装和反装两种形式。阀芯下移,使阀芯与阀座之间流通截面积增大的为反装阀;反之,使流通截面积减小的为正装阀。

由于执行机构有正、反两种作用形式,调节机构有正装和反装两种方式,故存在4种组合方式实现执行器的气开和气关调节,如表2.2.2所示。由图2.2.9可知,当输入信号增大时,气关式执行器的阀门开度减小,无输入信号时阀门全开;气开式执行器的阀门开度则是随输入信号的增大而增大,无压力时调节阀全关。

表 2.2.2 执行器的作用形式

执行机构	调节机构	执行器作用形式
正作用	正装	气关
正作用	反装	气开
反作用	正装	气开
反作用	反装	气关

图 2.2.9 执行器的气开、气关作用形式

对于一个控制系统来说,根据生产工艺的要求决定选择气开还是气关方式的调节阀。一般来说,要根据以下几条原则来进行选择。

1)从生产安全角度考虑

当系统发生故障时,执行器的状态应能防止故障进一步造成危险。例如一般蒸汽加热器选用气开式调节阀,一旦气源中断,阀门处于全关状态,停止加热,使设备不致因温度过高而发生事故或危险。锅炉进水的调节阀则选用气关式,当气源中断时仍有水进入锅炉,不致产生烧干或爆炸事故。

2)从产品质量角度考虑

当发生调节阀不能正常工作的情况时,阀所处的状态不应造成产品质量的下降。例如精馏塔回流量控制系统则常选用气关阀,一旦发生故障,阀门全开,使生产处于全回流状态,防止不合格产品被蒸发,从而保证塔顶产品的质量。

3)从原料和动力的损耗角度考虑

发生故障时调节阀的状态应能减少原料和能源的浪费。例如控制精馏塔进料的调节阀常采用气开式,因为一旦出现故障,阀门是处于关闭状态的,不再给塔投料,从而减少浪费。

4)从介质特点角度考虑

调节阀的选型应考虑介质的特点。例如精馏塔釜加热蒸汽的调节阀一般选用气开式,以保证故障时不浪费蒸汽。但是如果釜液是易结晶、易聚合、易凝结的液体时,则应考虑选用气关式调节阀,以防止在事故状态下停止了蒸汽的供给而导致釜内液体的结晶或凝聚。

2.2.3 调节阀的流量特性

调节阀的流量特性是指被控介质流过阀门的相对流量与阀门的相对开度(相对位移)间

的关系,即

$$\frac{Q}{Q_{\max}} = f\left(\frac{l}{L}\right) \tag{2.2.1}$$

式中:$Q/Q_{\max}$ 为相对流量,是调节阀某一开度时流量与全开时流量之比;l/L 为相对开度,是某一开度行程与全行程之比;f 为相对开度与相对流量的映射关系。

调节阀的流量特性可以分为理想流量特性和工作流量特性。

1. 理想流量特性

理想流量特性指当阀前后压差保持不变时的阀门流量特性,它取决于阀芯的形状。阀芯形状主要有直线型、等百分比(对数)型、抛物线型及快开型几种,如图 2.2.10 所示。

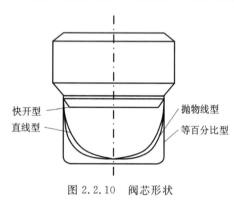

图 2.2.10　阀芯形状

1)直线型流量特性

直线型流量特性指调节阀的相对流量与相对开度形成线性关系,即单位位移变化引起的流量变化为常数。用数学式表示为

$$\frac{\mathrm{d}\left(\dfrac{Q}{Q_{\max}}\right)}{\mathrm{d}\left(\dfrac{l}{L}\right)} = K \tag{2.2.2}$$

其中 K 为调节阀的放大系数,对某一确定阀 K 为一常数。将式(2.2.2)积分可得

$$\frac{Q}{Q_{\max}} = K\frac{l}{L} + C \tag{2.2.3}$$

式中:C 为积分常数。

由式(2.2.3)可知,当外界条件为 $l=0$ 时,$Q=Q_{\min}$,即调节阀能调节的最小流量;$l=L$ 时,$Q=Q_{\max}$,即调节阀能调节的最大流量。将边界条件代入式(2.2.3)可分别得

$$C = \frac{Q_{\min}}{Q_{\max}} = \frac{1}{R}$$

$$K = 1 - C = 1 - \frac{1}{R} \tag{2.2.4}$$

式中:R 称为可调节范围或可调比,国内阀门一般取 $R=30$。

2)等百分比型流量特性(对数流量特性)

等百分比型流量特性是指阀单位相对行程变化所引起的相对流量变化与此点的相对流量成正比。调节阀的放大系数随相对流量的增加而增大,可表示为

$$\frac{\mathrm{d}\left(\dfrac{Q}{Q_{\max}}\right)}{\mathrm{d}\left(\dfrac{l}{L}\right)} = K\frac{Q}{Q_{\max}} \tag{2.2.5}$$

积分得

$$\ln\frac{Q}{Q_{\max}} = K\frac{l}{L} + C \tag{2.2.6}$$

将前面的边界条件代入,可得

$$C = \ln \frac{Q_{\min}}{Q_{\max}} = \ln \frac{1}{R} = -\ln R, K = \ln R \qquad (2.2.7)$$

最后得

$$\frac{Q}{Q_{\max}} = R^{\frac{l-L}{L}} \qquad (2.2.8)$$

相对开度与相对流量成对数关系,曲线斜率即放大系数随行程的增大而增大。在同样的行程变化值下,流量小时,流量的变化量小,调节平稳缓和;流量大时,流量的变化量大,调节灵敏有效。

3) 抛物线型流量特性

$Q/Q_{\max}$ 与 l/L 之间成抛物线关系,在坐标上为一条抛物线,介于直线和等百分比曲线之间。数学表达式为

$$\frac{Q}{Q_{\max}} = \frac{1}{R} \times \left[1 + (\sqrt{R} - 1) \times \frac{l}{L} \right]^2 \qquad (2.2.9)$$

4) 快开型流量特性

快开型流量特性在开度较小时就有较大流量,随开度增大,流量很快就能达到最大,故称为快开特性。快开特性的阀芯形式是平板形的,适用于迅速启闭的切断阀或双位调节系统。

在相同开度变化量下,几种不同阀芯的相对流量的变化量存在较大差异,如图 2.2.11 所示。

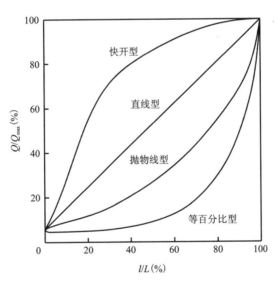

图 2.2.11 四种理想流量特性示意图

为了更加具体地说明,这里举例:假设 $R = 40$,直线型阀门在开度 l/L 为 10%、50%、80% 时,分别增加 5%,计算相对流量 $Q/Q_{\max}$ 的增量。

开度为 10% 时,相对流量为

$$\frac{Q_1}{Q_{\max}} = \left(1 - \frac{1}{R} \right) \frac{l_1}{L} = 0.097\,5 \qquad (2.2.10)$$

增加到15%时,相对流量为

$$\frac{Q_2}{Q_{\max}} = \left(1 - \frac{1}{R}\right)\frac{l_2}{L} = 0.14625 \quad (2.2.11)$$

此时相对流量增量为

$$\Delta\frac{Q}{Q_{\max}} = \frac{0.14625 - 0.0975}{0.14625} \times 100\% = 50\% \quad (2.2.12)$$

同理,开度为50%时,相对流量为

$$\frac{Q_3}{Q_{\max}} = \left(1 - \frac{1}{R}\right)\frac{l_3}{L} = 0.4875 \quad (2.2.13)$$

增加到55%时,相对流量为

$$\frac{Q_4}{Q_{\max}} = \left(1 - \frac{1}{R}\right)\frac{l_4}{L} = 0.53625 \quad (2.2.14)$$

此时相对流量增量为

$$\Delta\frac{Q}{Q_{\max}} = \frac{0.53625 - 0.4875}{0.48755} \times 100\% = 10\% \quad (2.2.15)$$

开度从80%增加到85%时,相对流量增量为

$$\Delta\frac{Q}{Q_{\max}} = \frac{0.82875 - 0.78}{0.78} \times 100\% \approx 6\% \quad (2.2.16)$$

同理方式可以计算得到等百分比型、抛物线型及快开型阀芯的阀门开度在10%、50%、80%时,分别增加5%后,相对流量的变化情况,如表2.2.3所示。

表 2.2.3　不同阀芯形状在阀门开度增加5%后相对流量的变化程度

初始开度	阀芯			
	直线型相对流量增幅	等百分比型相对流量增幅	抛物线型相对流量增幅	快开型相对流量增幅
10%	50%	20%	37%	43%
50%	10%	20%	15%	6%
80%	6%	20%	10%	2%

从图2.2.11和表2.2.3中可以看到,直线型阀门在小开度下调节作用大,甚至很激进;在大开度下调节作用小,有时不够敏感。等百分比型阀门在各开度时,流量相对增幅相同,调节作用一致,小开度时调节缓和平稳,大开度时控制及时有效,调节灵敏度在整个调节范围内不变。抛物线型阀门流量特性介于直线型阀门和等百分比型阀门流量特性之间。快开型阀门在小开度时流量增量比较大,随着开度增加,流量很快达到最大;其有效位移一般为阀座的1/4,当开度继续增加时,阀流通面积不再增加,失去控制作用,适用于迅速启闭的切断阀或位式控制。

2. 工作流量特性

在实际生产中阀前后的压差是变化的,这时的流量特性称为工作流量特性。根据管道形式,通常分为串联管道工作流量特性和并联管道工作流量特性进行分析。

1)串联管道的工作流量特性

对于如图 2.2.12 所示的串联系统,系统总压差(或称为压力损失)Δp 等于管路系统(除调节阀外的全部设备以及管道的各局部阻力之和)的压差 Δp_2 与调节阀的压差 Δp_1 之和。当 Δp 一定时,随着阀门开度增大,管道流量会增加。而由于设备及管道上的压力损失 Δp_2 与流量平方成正比,Δp_2 也会增大,那么阀门前后两端的压差 Δp_1 就会减少。即阀门开度增大时,阀门前后压差将减小,在同样的阀芯位移下,调节阀改变的阀前后压差的能力不如理想情况。在流量较大时,调节阀的控制效果变得迟钝。

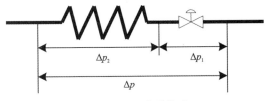

图 2.2.12 串联管道

s 为调节阀全开时阀前后压差 $\Delta p_{1\min}$ 与系统总压差之比,即 $s = \Delta p_{1\min}/\Delta p$。以 $Q_{\max}$ 表示管道阻力等于零时调节阀的全开流量,此时阀上压差为系统总压差。于是可以得到串联管道以 $Q_{\max}$ 作为参比值的工作流量特性如图 2.2.13 所示。

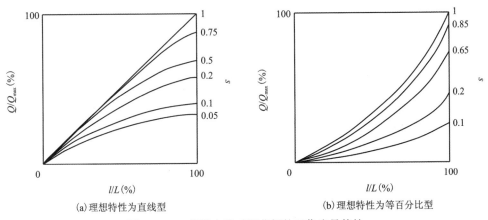

(a) 理想特性为直线型　　(b) 理想特性为等百分比型

图 2.2.13 管道串联时调节阀的工作流量特性

图 2.2.13 中,当 $s = 1$ 时,管道阻力为 0,系统总压全加在阀上,工作特性与理想特性一致。随着 s 的减小,管道上损失的压力增大,调节阀全开时流量减少,调节阀的可调范围降低;流量特性曲线发生畸变,直线特性逐渐趋近于快开特性,等百分比特性逐渐趋近于直线特性,即小开度时流量调节更加敏感,大开度流量调节更加迟钝。在实际使用中,一般希望 s 的值不低于 0.3。

2)并联管道的工作流量特性

通常调节阀都装有旁路,以便手动操作、维护和保护。当生产量提高或调节阀过小时,需要将旁路阀适当打开,此时调节阀的理想流量特性就变成工作特性。图 2.2.14 所示为并联管道,管道的总流量 Q 是调节阀流量 Q_1 与旁路流量 Q_2 之和。

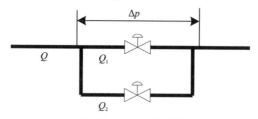

图 2.2.14 并联管道

若以 x 代表并联管道调节阀全开时的流量 $Q_{1\max}$ 与总管最大流量 $Q_{\max}$ 之比,即 $x = Q_{1\max}/Q_{\max}$,可以得到在压差 Δp 为一定,而 x 为不同数值时的工作流量特性,如图 2.2.15 所示。

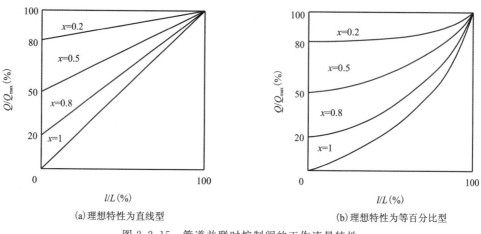

(a) 理想特性为直线型　　(b) 理想特性为等百分比型

图 2.2.15　管道并联时控制阀的工作流量特性

可见,当 $x = 1$ 时,旁路阀关闭,工作流量特性为理想流量特性。当旁路阀逐渐打开,x 逐渐减小,阀本身的流量特性变化不大,但可调范围大大降低。在实际使用中存在着串联管道阻力影响,调节阀上的差压还会随流量的增加而降低,使可调范围下降得更多,调节阀能调节的范围更小甚至不起调节作用。工业过程自动控制时,旁路流量一般不超过总流量的 20%,即 x 不低于 0.8。

3.调节阀选用考虑因素

在对调节阀进行选型时,需要考虑介质特性、阀流通能力、阀流量特性等多方面因素。

(1) 根据调节介质的工艺条件,如温度、压力及介质的物理、化学特性(如腐蚀性、黏度等)来选择阀门结构和材质。

(2) 根据阀的流通能力选择尺寸,通常用阀的流量系数来衡量其流通能力。调节阀的尺寸通常用公称直径 D_g 和阀座直径 d_g 来表示,根据流通能力进行选择。

(3) 调节阀结构形式确定以后,还需要确定调节阀的流量特性。一般是先按调节介质的特点来考虑阀的理想流量特性,然后根据工艺配置情况考虑其工作流量特性的畸变,选择能满足系统要求的调节阀。目前使用较多的是等百分比阀。

2.3 仪表安全防爆技术

在工业生产中,有些生产现场不可避免地存在或泄漏有爆炸物质,形成爆炸性危险场所。为了避免这些危险场所发生可能的爆炸燃烧等事故,需要应用本质安全防爆技术保证生产安全。本质安全(简称本安)是指通过设计等手段使生产设备或生产系统本身具有的安全性,即使在误操作或发生故障的情况下也不会造成事故的功能。在我国,爆炸性物质被分为三类。Ⅰ类:矿井甲烷;Ⅱ类:爆炸性气体混合物;Ⅲ类:爆炸性粉尘和纤维。

2.3.1 仪表防爆技术

防爆仪表主要有隔爆型和本安型两种。其中本安型防爆仪表的安全等级更高,防爆性能更好,原理也更复杂,成本更高。而隔爆型防爆仪表成本相对较低,但是性能较本安型防爆仪表较弱。在实际应用中应根据需要选择防爆仪表种类。

1. 隔爆型防爆仪表

隔爆型防爆仪表一般采用耐压 $80\sim100\text{N}/\text{cm}^2$ 以上的表壳,表壳要求外部温升不超过易燃易爆气体的引燃温度,同时接合面缝隙足够深、最大缝隙宽度足够窄,电路和接线端子全部被置于这个防爆壳内。这样即使仪表发生事故,在壳体内发热甚至爆炸燃烧时,火焰也会在通过缝隙向外扩散的过程中受到吸热和阻滞作用,能量被大大降低,从而保证不会引起仪表外部的易燃易爆气体发生燃烧或爆炸。若揭开防爆壳,则无法维持防爆性能。因此不能在通电运行情况下打开表壳检修或调整。此外,长期使用后,表壳接合面会出现磨损,导致防爆性能降低。

2. 本安型防爆仪表

相比于隔爆型防爆仪表,本安型防爆仪表的防爆性能更强,是唯一可适用于爆炸性气体混合物连续、频繁或长时间存在的危险场所的防爆仪表。

1) 本安防爆技术基本原理

本安型防爆仪表是通过限制电火花和热效应实现防爆功能。这类仪表主要采取两方面措施来抑制点火能量。一方面,在电路设计上,对处于危险场所的回路,选择适当电阻、电感和电容,限制火花能量,使其只产生安全火花。另一方面,增加安全单元——安全栅,对安全场所的高能量进行限制和隔离,使其不会流入危险场所。在实际应用中通常需要将以上两种措施结合使用,达到较好的防爆效果。

2) 本安仪表的分类

本安仪表可以根据危险场所、气体组分和气体自燃温度分为两类:Ⅰ类是煤矿用本安仪表,Ⅱ类是工厂用本安仪表。按本安仪表及关联设备使用场所的安全程度可分为 ia 和 ib 两个级别。ia 级别:考虑两个计数故障情况下不会产生安全失效。ib 级别:仅考虑仪表产生一个故障时不会产生安全失效。本安仪表的温度组别指的是允许仪表可能产生的最高表面温度,它不能高于危险气体自燃温度最小值,被划分为 T1~T6 共 6 个组别,如表 2.3.1 所示。

表 2.3.1 各组别温度要求

温度组别	安全的物体表面温度	常见爆炸性物质
T1	≤450℃	氢气、丙烯腈等 46 种
T2	≤300℃	乙炔、乙烯等 47 种
T3	≤200℃	汽油、丁烯醛等 36 种
T4	≤135℃	乙醛、四氟乙烯等 6 种
T5	≤100℃	二氧化碳
T6	≤85℃	硝酸乙酯和亚硝酸乙酯

2.3.2 安全栅

安全栅的作用是关联仪表的安全侧和危险侧,在传输信号的同时控制流入危险场所的能量在爆炸气体或混合物的点燃能量以下,从而确保系统的本安防爆性能。常见的安全栅有电阻式、齐纳式、光电耦合式和变压器隔离式等。

1. 电阻式安全栅

电阻式安全栅的原理是利用电阻对电流进行限制,将流入危险侧的能量限制在临界值以下以达到本安防爆的目的。电阻式安全栅的优点在于精确可靠,体型小以及价格低廉,但是防爆额定电压低,且需要逐个计算电阻阻值,使其既保证达到防爆要求又不影响回路的原有性能,其原理如图 2.3.1 所示。

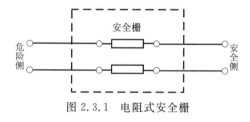

图 2.3.1 电阻式安全栅

2. 齐纳式安全栅

齐纳式安全栅(图 2.3.2)是利用齐纳二极管的反向击穿特性限制进入危险侧的电压和电流。

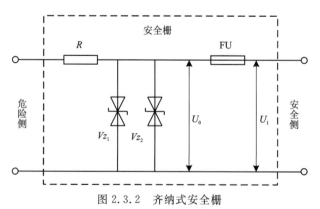

图 2.3.2 齐纳式安全栅

系统正常工作时,安全侧电压 U_1 低于齐纳二极管 V_{Z1} 和 V_{Z2} 的击穿电压 U_0,齐纳二极管截止,安全栅不影响正常的工作电流。但现场发生事故,如短路,利用电阻 R 进行限流,避免进入危险场所的电流过大。当安全侧电压 U_1 高于齐纳二极管的击穿电压 U_0 时,齐纳二极管击穿,进入危险场所的电压被限制在 U_0 上;同时安全侧电流急剧增大,快速熔断器 FU 很快熔断,从而将可能造成危险的高电压立即和现场断开,保证了现场的安全。关联两个齐纳二极管是增加安全栅的可靠性。

齐纳式安全栅优点是采用的器件少,体积小,价格便宜;缺点是必须本安接地,且接地电阻必须小于 1Ω,否则会失去防爆安全保护性能。齐纳式安全栅危险侧的本安仪表必须是隔离型的,否则通过其接地端子与大地相接后信号无法正确传送,并且由于信号接地,会直接降低信号抗干扰能力,影响系统稳定性。齐纳式安全栅对供电电源电压响应非常大,电源电压的波动可能会引起齐纳二极管的电流泄漏,从而引起信号误差或者发出错误电平,严重时会使快速熔断器烧断。

3.光电耦合式安全栅

光电耦合式安全栅通常由光耦合元件、电流/频率(I/f)转换器、频率/电流(f/I)转换器以及限流、限压电路组成,结构如图 2.3.3 所示。变送器输出的 4~20mA 电流信号在 I/f 转换器处被转换成 1~5kHz 频率信号,通过光耦传递到安全侧的 f/I 转换器再转换回 4~20mA 信号。光耦两侧没有电信号联系,所以即使在安全侧产生高电压,也不会传输到危险侧。光电隔离式安全栅优点在于重复性好,线性度高,漂移性低,但结构较为复杂。

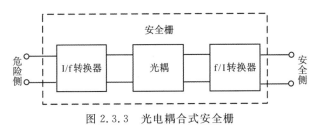

图 2.3.3 光电耦合式安全栅

4.变压器隔离式安全栅

变压器隔离式安全栅通过隔离变压器将危险侧和安全侧的仪表进行严格的电气隔离,切断安全侧的电源高压窜入危险侧的通道,并通过电磁转换的方式实现危险侧和安全侧的联系,如图 2.3.4 所示。变压器隔离式安全栅的优点在于可靠性高,防爆定额高,但是体积庞大,电路结构复杂。

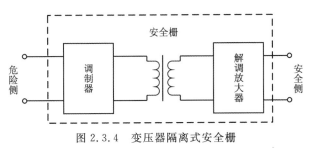

图 2.3.4 变压器隔离式安全栅

2.3.3 本安系统

单独使用本安仪表难以保证整个系统的本安性能,除在控制室设备与危险场所仪表之间要设置安全栅外,还应确保各类导线、电气元件符合本安设计要求,这样的系统才能称为本质安全防爆系统,如图 2.3.5 所示。

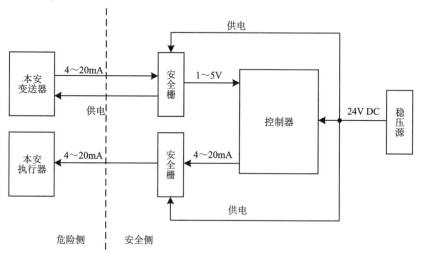

图 2.3.5 本质安全防爆系统

若该系统中只采用本安仪表,在控制器与危险区域设备之间不采用安全栅,该系统不是本安防爆系统。同样,若只在控制器与危险设备区域之间采用安全栅,而现场仪表不采用本安仪表,则该系统同样也不能满足本安防爆要求。

2.4 控制器与控制系统

控制器是控制系统的核心,接收来自传感器的信号,并根据一定规律输出控制信号驱动执行器动作,以实现生产过程的控制目标。在简单的系统中只需要单个控制器,一些复杂的过程控制系统则需要多个控制器,而在现代大型流程工业过程中,还广泛应用了集散控制系统、工业互联网等技术把多个控制器联络起来构成大型控制系统。

2.4.1 数字调节器

数字调节器是在模拟调节仪表的基础上采用数字技术和电子技术发展而来的一类调节器,通常安装在生产现场,定制化较高。一般来说,数字调节器只用于某个特定生产过程的控制。

数字调节器可分为数字式混合比率调节器、单回路调节器和多回路调节器三类。数字式混合比率调节器常用于控制组分混合比,常与流量计、执行器配套构成混合比率控制系统和混合-批量控制系统。单回路调节器采用微处理器实现比例积分微分控制(PID 控制)功能完成一个回路闭环调节功能。多回路调节器采用微处理器实现多回路调节功能,可以独立用于单元性生产装置(如工业炉窑等)完成装置的全部或大部分控制功能,一台多回路控制器可以控制 8~16 个调节回路。

2.4.2 可编程逻辑控制器

随着计算机技术的不断发展,当前工业生产中更多使用可编程逻辑控制器(programmable logic controller,PLC)作为控制单元,它是一种以微处理器为核心的工业自动化控制装置,通常被安装在控制室中,通过线缆或网线与安装在生产现场的传感器和执行器进行信号传递,具有较强的通用性。其基本功能包括逻辑控制功能、闭环控制功能、定时控制功能、计数控制功能、数据处理功能、信号调理功能、闭环控制功能、通信联网功能、监控功能以及停电记录功能和故障诊断功能等。

PLC 采用典型的计算机结构,主要由中央处理器、存储器、输入/输出模块、功能模块、电源等几个部分组成,如图 2.4.1 所示。通过输入/输出(I/O)设备与现场设备相互联系,可以实现电平转换、电气隔离、串/并转换、数模转换和模数转换;可以对输入的数字或模拟信号进行处理,并根据需要输出数字或模拟信号,以适用不同的场景需要;还可以通过 RS232、RS485、以太网总线等通信方式与触摸屏、其他 PLC、上位机系统等设备进行数据传递。

1.硬件组成

PLC 是应用微处理器技术构成的比较成熟的控制系统,是已经调试成熟的、稳定的嵌入式应用系统产品,具有较强的通用性。相较于采用基于微处理器开发的控制系统,PLC 系统开发过程中不需要定制设计和制造电路板及输入输出接口部件,PLC 系统自身具备良好的抗干扰能力和驱动能力,使用快捷方便,成功率高,可靠性好,但成本较高,适用于单项工程或重复数较少的项目。

2.数据通道

PLC 通过其便于与工业现场设备直接相互连接的输入/输出(I/O)接口与现场传感器、执行器进行直接连接。PLC 可以对现场传感器输入的数字或模拟信号进行处理,并根据需要在用户程序中设计相关控制算法,输出数字或模拟信号去控制现场执行器,以适应不同的场景需要。此外,随着 PLC 技术的不断发展,现代 PLC 的通信能力已大大增强,不但有 RS232、RS485 等常规通信,而且 PLC 还具有现场总线通信能力以及工业以太网通信能力。随着总线技术接口和工业以太网接口越来越成为 PLC 的标准配置,在当前过程控制系统走向网络化控制的背景下,PLC 在流程行业中的应用也越来越普遍。

3.PLC 的特点

PLC 是应用微处理器技术构成的比较成熟的控制系统,拥有众多便于与工厂设备直连的模块化的接口,特别的抗干扰和电磁兼容性设计,使得 PLC 具有非常高的可靠性。在应用中,只需采用简单的编程语言完成用户程序设计,就可以构成各种各样的应用系统。对于单项工程或重复数较少的项目,采用 PLC 快捷方便,成功率高,可靠性好。

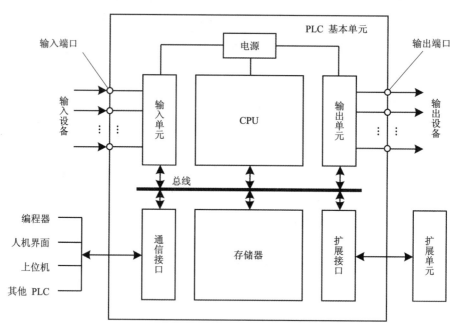

图 2.4.1 PLC 硬件基本组成

2.4.3 集散控制系统

在过程控制系统中,生产装置通常由多个工艺单元组成,工艺复杂程度高,流程长,对控制的要求较高。传统的计算机集中式控制风险高,为实现"危险分散,管理集中",集散控制系统应运而生。

集散控制系统(distributed control system,DCS)是现场回路分散控制与集中监视操作相结合的分布式综合控制系统。其实质是利用计算机技术对工业生产过程进行集中监视、操作、管理和控制,采用"集中管理,分散控制"的思想,实现系统的功能分散、危险分散、管理集中。

集散控制系统一般由三部分构成,即集中管理部分、分散控制部分和通信部分,如图 2.4.2 所示。集散控制系统融合了计算机技术、通信技术、控制技术和人机交互技术等,具有可靠性高、适应性和拓展性强、控制能力强、人机交互方法丰富等特点。系统中所有的设备分别处于四个不同的层级,分别是现场级、控制级、监控级和管理级。

(1)现场级:在生产现场的控制装置或子系统。典型的现场级设备包括现场仪表、现场执行器、现场输入输出接口等。传统的现场级设备通过一对一接线的方式与过程控制站的 I/O 模块相连,但是连接方式布线复杂,维护难度高。当前现场级设备逐步过渡到通过现场总线或工业以太网与过程控制站相连,通过一根双绞线连接多台设备,并采用标准协议,以数字传输的方式进行通信,显著增强抗干扰能力和控制质量。

(2)控制级:由过程控制站和数据采集站构成。过程控制站具有连续控制、顺序控制和

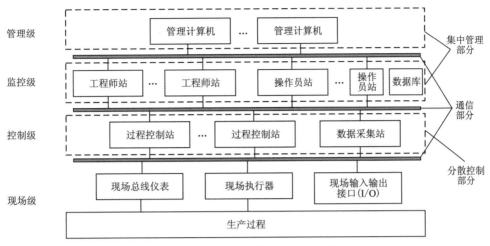

图 2.4.2 集散控制系统的组成部分

逻辑控制等功能,接收到来自现场传感器、变送器的信号后,按照一定的控制策略进行计算处理,得到所需的控制量,并传输到现场的执行器,PLC 是典型的现场控制站。数据采集站接收大量来自现场级设备的数据,进行必要的处理后存入数据库以供系统的其他部分调用。随着现场控制站计算机性能的提升,数据采集站已慢慢在现场消失。

(3) 监控级:又称人机界面,主要由工程师站、操作员站、数据库等构成,通常安装在中央控制室和电子设备室。操作员站面向生产工艺和过程操作的需要,为工艺操作员提供工艺流程画面和历史与实时数据,接受操作员的操作指令;工程师站一般由控制工程师负责,完成整个控制系统的设计、开发、修改和调试等;数据库用于存放全部工艺过程的实时数据和历史数据。

(4) 管理级:由多个管理计算机构成,面向厂长、总工程师、值班长或运行管理人员等。其主要任务是监控系统各部分的运行情况,并利用历史和实时数据预测可能发生的各种情况,辅助管理人员进行决策。

2.4.4 工业以太网控制系统

20 世纪 90 年代,随着工业生产过程的日益复杂,工业控制系统逐渐向分布式、开放性的方向发展,工厂和企业迫切需要对现场层到管理层的信息进行全面采集。传统的集散控制系统中的总线由于标准不统一、不同协议之间互不兼容,且与信息管理系统的集成还需要借助其他技术等问题,无法承担相应的需求。

商用以太网用于工业过程控制存在两大问题。一方面,当网络负荷较大时,数据传输的速率受到限制,无法满足确定性和高实时性等工业通信需求;另一方面,商用以太网的接插件、集线器、交换机等均不是为工业环境设计的,难以适应恶劣复杂的工作环境,无法保证足够的可靠性。

工业以太网技术是面向工业控制领域实际需求,对商用以太网技术进行改进和完善的产物。它在技术上与商用以太网的 IEEE 802.3 标准兼容,同时在进行产品设计时,从材质的选用、产品的强度、可互操作性、可靠性、抗干扰性以及本质安全等方面能够满足工业现场需要。

常用的工业以太网协议有 Profinet，Ethernet/IP，EPA（ethernet for plant automation）等。

（1）Profinet。Profinet 是由 Profibus 国际组织提出的基于实时以太网技术的自动化总线标准，在保留了 Profibus 原有开放性的同时将工厂自动化和企业信息管理信息技术融为一体，被广泛应用于实时以太网、分布式自动化、运动控制、网络安全、故障安全以及过程自动化等领域。

（2）Ethernet/IP。Ethernet/IP 协议由 IEEE 802.3 物理层和数据链路层标准、TCP/IP 协议组、控制和信息协议（control information protocol，CIP）三个部分组成。Ethernet/IP 为了提高设备间的互操作性，采用了 ControlNet 和 DeviceNet 控制网络中相同的 CIP。CIP 一方面提供实时 I/O 通信，另一方面实现信息的对等传输，其控制部分用来实现实时 I/O 通信，信息部分则用来实现非实时的信息交换。

（3）EPA。EPA 是我国第一个拥有自主知识产权并被 IEC 认可的工业自动化领域国际标准（IEC/PAS 62409），是一种分布式系统，采用分段化系统结构和确定性通信调度控制策略，解决了以太网通信的不确定性问题，使得原本用于管理级、监控级的以太网和无线局域网可以直接用于变送器、执行器、现场控制器等现场设备之间的通信。

课后习题

1. 简述过程参数检测在过程控制中的重要意义以及传感器的基本构成。
2. 某台测温仪表测量的上下限为 500～1000℃，它的最大绝对误差为±2℃，试确定该仪表的精度等级。
3. 某台测温仪表测量的上下限为 100～1000℃，工艺要求该仪表指示值的误差不得超过±2℃，应选精度等级为多少的仪表才能满足工艺要求？
4. 什么叫压力？表压力、绝对压力、负压力之间有何关系？
5. 体积流量、质量流量、瞬时流量和累积流量的含义各是什么？
6. 热电偶测温时为什么要进行冷端温度补偿？其补偿方法常采用哪几种？
7. 热电阻测温电桥电路中的三线制接法为什么能减小环境温度变化对测温精度的影响？
8. 在过程控制系统中，大多数调节器是电动的，而执行器多数是气动的，这是为什么？
9. 执行器由哪几部分组成？它在过程控制中起什么作用？常用的电动执行器与气动执行器有何特点？
10. 简述电动执行机构的组成及各部分的工作原理。

11. 什么叫气开式执行器和气关式执行器？它们是怎样组合的？试举两例分别说明它们的使用。

12. 什么是调节阀的流量特性？调节阀的理想流量特性有哪几种？

13. 安全栅在安全防爆系统中的主要作用是什么？

14. 与齐纳式安全栅相比,隔离式安全栅有何优点？

第3章 过程对象建模与辨识

在控制系统的分析和设计中,首先需要深入了解过程的性质、特点以及动态特性,而建立过程对象的数学模型是了解被控对象特性的重要手段,对实现过程对象的有效控制与优化具有重要作用。

3.1 概 述

被控对象建模是为了描述被控过程的输入(控制变量或扰动变量)与对象状态和(或)输出(被控变量)的对应关系,表达形式既可以是数学公式,也可以是其他隐性方式。被控对象在运行中有动态和稳态两种状态,动态是绝对存在的,稳态则是相对存在的。过程控制主要需要分析被控对象的动态特性,以建立被控对象动态模型为主。

3.1.1 被控过程数学模型作用与要求

被控过程的数学模型描述过程的输入与输出变量之间的定量关系。输入包括作用于过程的控制作用和干扰作用,输出为过程的被控变量。输入变量到输出变量的信号联系称为通道。其中,控制作用到输出变量的信号联系为控制通道;干扰作用到输出变量的信号联系为干扰通道。

被控过程的数学模型在生产过程工艺分析及控制系统分析与设计方面具有重要作用,主要包括以下几点:

(1)确定有关因素对被控过程的影响特点,明确被控过程输出在输入作用下的动态变化情况,对工艺有更为深入和准确的了解。

(2)有利于制订合理有效的控制系统方案,包括控制变量的选择、控制方案的确定、控制算法的设计、控制器参数的整定、控制系统仿真验证等。

(3)可以用于工业过程的故障检测与诊断,及时发现系统的故障及其原因,并提供正确的解决途径。

(4)可以用于设计数字孪生系统和培训仿真系统,高速、安全、低成本地复现工业过程、培训工程技术人员和操作工人。

根据用途不同,对数学模型的要求也不同。在过程控制实际应用中,被控过程的传递函数或其他类型动态数学模型的阶次一般不高于三阶,常采用带纯滞后的一阶和二阶模型来描述被控对象。

3.1.2 被控过程数学模型类型

被控过程的数学模型可以分为稳态(静态)数学模型和动态数学模型。稳态数学模型描述过程在稳态时的输入变量和输出变量之间的数学关系,用于工艺设计和系统最优化等;动态数学模型描述输出变量与输入变量之间随时间变化的动态关系,用于控制系统的设计和分析,确定工艺状态和操作条件等。数学模型可以采取各种不同的表达形式,主要包括以下几种分类方式:

(1)按照时间特性,可分为连续模型和离散模型。

(2)按照描述方式,可分为传递函数、状态空间、微分方程、差分方程等。一般经典控制要求过程模型用传递函数表达;最优控制用状态空间表达;基于参数估计的自适应控制通常要求用脉冲传递函数表示等。

(3)按照过程类型,可分为集中参数、分布参数和多级模型等。

(4)按照输入信号形式,可以分为非周期函数、周期函数、非周期性随机函数和周期性随机函数的模型等。

本书主要关心过程控制系统中常用的线性、单输入单输出的数学模型,一般可以采用参数形式模型表示,主要有微分方程、差分方程、状态方程、传递函数、脉冲传递函数。本书讨论的重点为线性时间连续模型,其微分方程形式可以描述为

$$a_n y^{(n)}(t) + \cdots + a_1 y'(t) + a_0 y(t) = b_m u^{(m)}(t-\tau) + \cdots + b_1 u'(t-\tau) + b_0 u(t-\tau) \tag{3.1.1}$$

式中:y 为输出变量;u 为输入变量;τ 为纯滞后时间;a_i 和 b_j 为系数,$i=0,1,\cdots,n$,$j=0,1,\cdots,m$;m 和 n 为阶数。

用传递函数形式可描述为

$$G_0(s) = \frac{Y(s)}{U(s)} = \frac{b_0 + b_1 s + \cdots + b_m s^m}{a_0 + a_1 s + \cdots + a_n s^n} e^{-\tau s} \tag{3.1.2}$$

3.1.3 过程建模基本方法

建立过程数学模型的基本方法主要机理建模法、实验建模法、数据建模法和混合建模法等四种。

1.机理建模法

机理建模法是根据被控过程的内在机理,运用已知的稳态或动态平衡关系(如物料平衡关系、能量平衡关系、动量平衡关系、相平衡关系等),用数学推理的方法建立数学模型,也称解析法或者白箱法。

运用该法建模需要充分而可靠的先验知识,其最大优点是能在没有系统设备之前得到被控过程的数学模型,有利于控制系统方案的设计与比较。然而,许多被控过程内在机理比较复杂,人们对过程的变化机理理解不够深刻,很难用机理法得到简洁的数学模型,这种情

况下机理建模法并不适用。运用该法建模时也会出现模型中有些参数难以确定的情况,可以用辨识方法进行估计。

2. 实验建模法

实验建模法是根据被控过程输入和输出的实验测试数据,通过过程辨识与参数估计建立过程的数学模型和确定模型结构与参数的方法,也称为系统辨识或参数估计法。该方法由系统外部的输入-输出特性来构建数学模型,即通过外部激励和实验测试数据进行某种数学处理后得到模型。对于内在机理复杂的被控过程,相比于机理建模法而言实验建模法相对容易,但也由于实验与对应工况的限制,构建的模型往往难以对外推广。实验建模法一般比机理建模法简单、通用性强,尤其对复杂生产过程,其优势更为明显。如果机理建模法和实验建模法两者都能达到同样的目的时,一般优先选用实验建模法。

3. 数据建模法

数据建模法是基于大量历史过程数据建立模型的方法,也称为黑箱模型(有时也归为实验建模,但由于近些年基于大数据的建模方法越来越受到重视,本书将其单独列为一类)。这类方法在建模时不完全依赖过程内部规律,把整个系统看作一个黑箱,从大量输入输出数据中提取有用信息并构造输入变量与输出变量间的关系。数据建模法主要包括统计学的方法和基于机器学习的方法。基于统计学的方法主要包括多元线性回归、主成分回归、偏最小二乘回归等;基于机器学习的方法主要包括人工神经网络、支持向量机、机器学习等方法。数据建模法的内容较为庞杂,其他相关书籍中有详细介绍,本书不展开进行讲解。

以上 3 种方法的特点和优劣对比如表 3.1.1 所示。

表 3.1.1 过程建模方法对比表

	机理建模法	实验建模法	数据建模法
建模基础	物质与能量平衡关系	输入输出实测数据	大量历史过程数据
针对对象	对特定类型的过程和不同运行条件都有效	在所研究系统及其运行界限内有效	在所研究系统及其运行界限内有效
主要优点	能在系统投运前建立模型	实现简单,通用性强	通用性强
存在问题	需要大量先验知识和运行机理	推广性差,实验限制条件多	需要大量历史数据,可解释性差

4. 混合建模法

用单一的机理建模法、实验建模法或者数据建模法建立复杂被控过程的数学模型比较困难。综合机理建模法、实验建模法、数据建模法三种基本方法特点的混合建模法是建立复杂被控过程数学模型的有效方法。混合建模法也称为灰箱法,它是将机理建模法、实验建模法或(和)数据建模法相结合来建立过程的数学模型的方法,比单纯一种方法具有更好的推广能力。常见的有两种方式:

(1)对被控过程中机理比较清楚的部分采用机理建模法推导其数学模型,对机理不清楚或者不确定的部分采取实验建模法或数据建模法获得其数学模型。该方法适用于多级被控过程。

（2）先通过机理分析确定过程模型结构形式，然后利用实验建模法或数据建模法确定模型中的参数。

3.1.4 被控过程对象的动态特性

在对工业过程进行控制时，常见的被控过程特性主要包括自衡过程和非自衡过程、单容特性和多容特性、振荡与非振荡特性等。根据输出相对于输入变化的响应情况可将过程分为以下四大类。

1.自衡的非振荡过程

过程能自动地趋于新稳态值的特性称为自衡性。在外部阶跃输入信号作用下，过程原有平衡状态被破坏，并在外部信号作用下自动非振荡地稳定到一个新的稳态，这类工业过程称为具有自衡的非振荡过程。

这类过程在工业生产中十分常见，如图 3.1.1 所示，含有 1 个进水阀门和 1 个出水阀门的水箱液位系统是个典型的自衡非振荡过程。水箱进液流量 Q_1 增大后，经过一段时间延迟后，原来稳定的液位 h 会上升；由于出液阀开度未变，出液流量 Q_2 不变；随着液位升高使静压增大，出料流量也增大，液位上升逐渐变慢；当出料流量增大到与进料流量相等时，液位达到一个新的平衡位置。

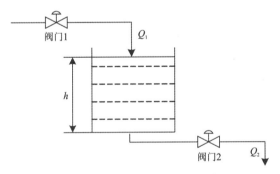

图 3.1.1 自衡的非振荡过程示意图

在工业中不同的自衡非振荡过程常用具有纯滞后的一阶惯性环节表示，如

$$G(s) = \frac{K}{Ts+1} e^{-\tau s} \tag{3.1.3}$$

或具有纯滞后的二阶非振荡环节表示，如

$$G(s) = \frac{K}{(T_1 s+1)(T_2 s+1)} e^{-\tau s} \tag{3.1.4}$$

或具有纯滞后的高阶非振荡环节表示，如

$$G(s) = \frac{K}{(Ts+1)^n} e^{-\tau s} \tag{3.1.5}$$

式中：K 为过程的增益系数或称为放大系数；T 为过程的时间常数；τ 为过程的滞后时间。

由于控制对象的串联结构和执行器的动作时间等因素的影响,在工业中时滞广泛存在,如果滞后时间和系统响应时间差距较大,这种滞后可以忽略不计。

2.非自衡的非振荡过程

非自衡的非振荡过程没有自衡能力,它在阶跃输入信号作用下的输出响应曲线无振荡地从一个稳态一直上升或下降,不能达到新的稳态。

这类过程在工业生产中也十分常见,如图 3.1.2 所示,将图 3.1.1 水箱系统的出液阀门换成定量出水泵,则该水箱液位系统是典型无自衡的非振荡过程。与自衡的水箱液位系统相比,当进液量阶跃变化时,只要泵的转速不变,出液量恒定,液位会一直上升到溢出或下降到排空。

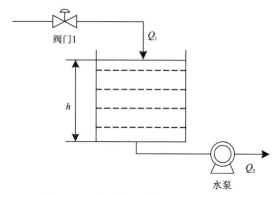

图 3.1.2 非自衡的非振荡过程示意图

非自衡的非振荡过程常用具有时滞的积分环节表示,如

$$G(s) = \frac{K}{s}e^{-\tau s} \qquad (3.1.6)$$

或具有时滞的一阶和积分串联环节表示,如

$$G(s) = \frac{K}{(Ts+1)s}e^{-\tau s} \qquad (3.1.7)$$

式中:K 是过程的增益系数或称为放大系数;T 是过程的时间常数;τ 是过程的滞后时间。

3.衰减振荡过程

衰减振荡过程具有自衡能力,在阶跃输入信号的作用下,输出响应呈现衰减振荡特性,最终过程会趋于新的稳态值。

质量弹簧阻尼系统是典型的自衡振荡过程。图 3.1.3(a)为质量弹簧阻尼系统的示意图,其中 M 为质量模块,h 为质量模块中心距离弹簧顶端的距离;图 3.1.3(b)为质量弹簧阻尼系统的阶跃响应曲线。

一个处于平衡状态的弹簧系统,当受到外力 F 作用时,会不断做减幅振动,最后会再次处于新的平衡状态。工业生产中这类过程包括多容水箱等,其传递函数可以表达为

$$G_0(s) = \frac{K}{s^2 + 2\xi\omega s + \omega^2}e^{-\tau s} \quad (0 < \xi < 1) \qquad (3.1.8)$$

式中:K 为增益系数;ξ 和 ω 分别为阻尼比和振荡环节时间常数;τ 为过程的滞后时间。

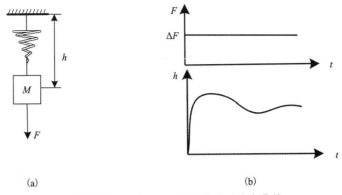

图 3.1.3　自衡振荡过程与其阶跃响应曲线

4.具有反向特性的过程

反向特性过程是指在阶跃输入信号的作用下,被控过程的输出先升后降或先降后升,即开始与终止时出现变化的方向相反。图 3.1.4(a)所示的锅炉液位控制过程是典型的反向过程。当在某一平衡态时,向锅炉中注入的冷水量 Q_1 突然增大时,锅炉内沸腾减弱、蒸发量降低、水中气泡消减,水位 h 会出现短暂的下降的现象;但随着冷水注入的增加,进水量大于蒸汽负荷量,锅炉内水位又呈现出上升趋势。也就是说,在输入冷水流量增加时,锅炉水位出现先下降后上升的反向变化过程。图 3.1.4(b)是该过程的液位响应曲线。

该类过程可以表示为两个环节的差

$$G(s) = G_1(s) - G_2(s) \tag{3.1.9}$$

其中,$G_1(s) = \dfrac{K_1}{T_1 s + 1}$,$G_2(s) = \dfrac{K_2}{T_2 s + 1}$。

图 3.1.4(b)中 $h_1(t)$ 和 $h_2(t)$ 分别表示 $G_1(s)$ 和 $G_2(s)$ 所对应的时域响应曲线,具有反向特性的传递函数可以表示为

$$G(s) = \frac{K - T_d s}{(T_1 s + 1)(T_2 s + 1)} \tag{3.1.10}$$

其中,$K = K_1 - K_2$,$T_d = K_2 T_1 - K_1 T_2$。

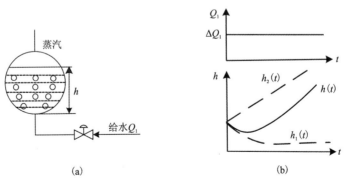

图 3.1.4　反向特性过程与其输出响应曲线

3.2 机理建模法

工业生产过程中的加热炉、反应器、蒸馏塔、物料输送装置等设备都是过程控制的常见被控对象。被控参数通常为温度、压力、流量、成分、湿度、pH 值等。尽管过程控制中所设计的对象千差万别,被控过程内部的物理、化学过程各式各样,但从控制的观点来看,其在本质上又有许多相似之处。其中最重要的特点是都涉及物质和能量的流动与转换,而被控参数与控制变量的变化都与物质和能量的流动有密切的关系,这一点是机理建模法的重要依据。

3.2.1 机理建模基本过程

机理建模法通过分析生产过程的内部机理,找出变量之间的关系,如物料平衡方程、能量平衡方程、化学反应定律、电场基本定律等,从而导出对象的数学模型。机理建模主要可以分为以下 5 个步骤:

(1)根据被控过程的特性和建模需求,明确过程的输入变量、输出变量和中间变量。这些变量可以采用绝对值、增量或无量纲形式表示。

(2)根据建模对象特性和模型使用目的,在满足模型要求的前提下,忽略次要因素,做出合理假设。

(3)根据过程内在机理,建立动态关系方程。

(4)消去中间变量,求取过程的数学模型。

(5)在满足工程条件的前提下,对模型进行必要的简化处理,常用的方法有忽略次要参数、模型降阶处理等。

3.2.2 单容过程的建模方法

单容过程指只有一个储蓄容量的过程,如一个储罐的液位系统或气体储藏系统、具有一个电容或电感的电路等。下面通过水箱液位系统介绍单容过程建模方法。

1. 自衡的单容水箱液位过程建模

单容液位过程只有一个水箱,如图 3.1.1 所示。阀门 1 和阀门 2 分别控制流入量 Q_1 和流出量 Q_2。

在阀门 2 开度不变的情况下,液位 h 越高,水箱底静压越大,流出量 Q_2 越大。以阀门 1 的开度 μ 作为液位过程的输入,h 作为输出,分析 μ 和 h 之间的动态关系,建立该单容过程的数学模型。

设 Q_{10} 和 Q_{20} 分别为输入稳态流量和输出稳态流量;ΔQ_1 和 ΔQ_2 分别表示输入流量和输出流量的相对于稳态值的增量,h_0 是稳态液位,Δh 为液位相当于稳态值的增量,$\Delta \mu$ 是阀门 1 开度相对于稳态值的增益,V 是水箱中储存液体的体积,A 是水箱横截面积。

根据物料平衡关系,在单位时间内水箱的液体流入量与单位时间内水箱的液体流出量

之差等于水箱中液体储存量的变化率,故有

$$\frac{dV}{dt} = Q_1 - Q_2 \tag{3.2.1}$$

式中:$V = A \times h$;dV/dt 为液体储存量的变化率。

当水箱横截面积 A 是常量时,有 $\frac{dV}{dt} = A\frac{dh}{dt}$,代入式(3.2.1)可得

$$A\frac{dh}{dt} = Q_1 - Q_2 \quad \text{或} \quad \frac{dh}{dt} = \frac{1}{A}(Q_1 - Q_2) \tag{3.2.2}$$

从式(3.2.2)中可以看出,液位变化 dh/dt 取决于水箱横截面积 A 和流量差 $Q_1 - Q_2$。A 越大,dh/dt 越小,A 是决定水箱液位变化率大小的因素,称为水箱的容量系数,也称液容。一般来讲,被控过程都具有一定储存物料或能量的能力,其储存能力用容量系数表征,常用符号 C 表示。其物理意义是引起(被控)参数产生单位变化时,所对应的(能量、物料)储存量的变化量。

单容液位过程稳态时,$Q_1 = Q_{10}$,$Q_2 = Q_{20}$,$h = h_0$,此时液体的流入量和流出量保持平衡,即 $Q_{10} = Q_{20}$,则

$$A\frac{dh_0}{dt} = Q_{10} - Q_{20} = 0 \tag{3.2.3}$$

若以增量形式表示各变量相对于稳态值的变化量,即 $\Delta h = h - h_0$,$\Delta Q_1 = Q_1 - Q_{10}$,$\Delta Q_2 = Q_2 - Q_{20}$,代入式(3.2.2)可得

$$A\frac{d\Delta h}{dt} = \Delta Q_1 - \Delta Q_2 \tag{3.2.4}$$

各式中的流量 Q_1 只取决于阀门1的开度 μ,流入量 Q_1 的变化量 ΔQ_1 是由阀门1的开度变化量 $\Delta \mu$ 引起的,当阀门1前后压差不变时,假定 ΔQ_1 和 $\Delta \mu$ 成正比,即

$$\Delta Q_1 = K_\mu \Delta \mu \tag{3.2.5}$$

式中:K_μ 为(流量)比例系数。

流出量 ΔQ_2 随液位 h 的升降发生变化,假定二者的变化量 ΔQ_2 与 Δh 之间的关系为

$$\Delta Q_2 = \frac{\Delta h}{R_s} \quad \text{或} \quad R_s = \frac{\Delta h}{\Delta Q_2} \tag{3.2.6}$$

式中:R_s 是阀门2的流体阻力,称液阻。

液位变化范围不大时,认为 R_s 近似为常数,即流出量 Q_2 的增量 ΔQ_2 取决于水箱中液位 Δh 和阀门2的阻力 R_s。严格讲 R_s 不是一个常数,它与液位 h、流量 Q_2 的关系是非线性的,实际工业过程中,可以在工作点 (h_0, Q_{20}) 附近进行线性化处理,得到线性模型。

将式(3.2.5)和式(3.2.6)代入式(3.2.4),可得

$$K_\mu \mu - \frac{\Delta h}{R_s} = A\frac{d\Delta h}{dt} \quad \text{或} \quad AR_s\frac{d\Delta h}{dt} + \Delta h = K_\mu R_s \Delta \mu \tag{3.2.7}$$

令 $T = AR_s$,$K = K_\mu R_s$,则式(3.2.7)写成

$$T\frac{d\Delta h}{dt} + \Delta h = K\Delta \mu \tag{3.2.8}$$

则水箱液位变化 Δh 与阀门开度变化 $\Delta \mu$ 之间的传递函数可以表达为

$$\frac{H(s)}{\mu(s)} = \frac{K}{Ts+1} \quad (3.2.9)$$

式中：$H(s) = \mathcal{L}|\Delta h(t)|$；$\mu(s) = \mathcal{L}|\Delta\mu(t)|$。其中，$\mathcal{L}$ 为拉普拉斯变换，T 为液位过程的时间常数，K 为液位过程的放大系数。

在图 3.1.1 所示的液位系统中，当流入阀门 1 开度出现一个阶跃变化 $\Delta\mu$ 时，将使流入量有一个阶跃变化 ΔQ_1。对传递函数求解，得出液位的变化为

$$\Delta h = K\Delta\mu(1 - e^{-t/T}) \quad (3.2.10)$$

液位变化示意曲线如图 3.2.1 所示，当 $t \to \infty$ 时，液位变化量趋向稳态值 $\Delta h(\infty) = K\Delta\mu$，即输入量的变化 $\Delta\mu$ 引起输出量变化 Δh 的稳态值。放大系数 K 表示液位受到流量变化的影响程度，与液阻大小有关。时间常数 T 表示液位 $\Delta h(t)$ 从 $t = 0$ 以最大速度增长至稳态值 $\Delta h(\infty) = K\Delta\mu$ 所需要的时间，是表征液位过程响应快慢的重要参数，不仅受液阻影响，也受容量系数影响。

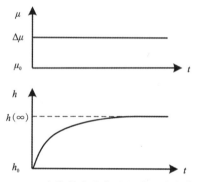

图 3.2.1 自衡单容液位过程阶跃响应曲线

由式(3.2.10)可知，图 3.2.1 所示的液位系统是一个典型的自衡特性过程，当输入量有一个阶跃变化 $\Delta\mu$ 时，过程输出量液位最后会达到新的稳态 $h(\infty) = h_0 + K\Delta\mu$。

在自衡特性的被控过程中，常以自衡率 ρ 来衡量被控过程自衡能力。如果能以被控参数较小的变化 Δh 来抵消较大的扰动量 $\Delta\mu$（或者说是 ΔQ_1），就表示这个被控过程的自衡能力大，可定义 $\rho = \dfrac{\Delta\mu}{\Delta h(\infty)}$。对一个被控过程来说，一般都希望自衡率 ρ 大一些。另外，由于放大系数 $K = \dfrac{\Delta h(\infty)}{\Delta\mu}$，$\rho$ 和 K 互为倒数。

2. 无自衡的单容水箱液位过程建模

将图 3.1.1 所示的水箱系统的流出量改由一台定流量泵确定，输出流量与液位无关。这时，当流入量 Q_1 出现一个阶跃变化 ΔQ_1 后，流出量保持不变。流入量与流出量的差额并不会随液位的改变而逐渐减小，而是始终保持不变，液位将以等速度不断上升或下降，直至从水箱顶部溢出或抽空。

该对象除了将图 3.1.1 中的阀门 2 换为恒流泵以外，其余环节参数都没有改变。根据物料动态平衡关系，必须满足式(3.2.4)。图 3.1.2 中水箱在液位变化过程中，流出量 Q_2 始终保持不变，则 $\Delta Q_2 = 0$，代入式(3.2.4)可得

$$A\frac{\mathrm{d}\Delta h}{\mathrm{d}t} = \Delta Q_1 \tag{3.2.11}$$

将 $\Delta Q_1 = K_\mu \Delta \mu$ 带入式(3.2.11),得

$$A\frac{\mathrm{d}\Delta h}{\mathrm{d}t} = K_\mu \Delta \mu \tag{3.2.12}$$

其传递函数为

$$\frac{H(s)}{\mu(s)} = \frac{K}{Ts} \tag{3.2.13}$$

式中：$K = K_\mu$；$T = A$。

其阶跃响应($\Delta Q_1 > 0$)曲线如图3.2.2所示。

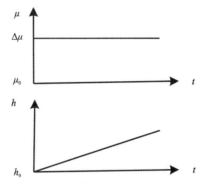

图 3.2.2 非自衡单容液位过程阶跃响应曲线

由图3.2.2可知,当输入发生阶跃扰动 $\Delta \mu$ 后,输出量 Δh 将无限制地变化下去。当阀门1开度阶跃变化引起输入流量阶跃变化后,由于恒流泵的存在,输出流量并不改变,这意味着水箱的液位 $h(t)$ 将恒速改变下去,要么一直上升直至液体满箱溢出,或者一直下降直至水箱被抽空。

3.2.3 多容过程的建模方法

在过程控制系统中,常碰到由多个容积组成的被控过程,称为多容过程。下面以具有自衡能力的多容过程为例,说明多容过程建模方法。

1. 多容液位过程

如图3.2.3所示的液位过程由管路分离的两个水箱串联组成,它有两个储水的容器,称为双容过程。不计两个水箱之间管路所造成的时间延迟,以阀门1的开度 μ_1 为输入、第二个水箱的液位 h_2 为输出,建立液位过程的数学模型。

根据物料动态平衡关系,可以列写出增量化方程

$$\Delta Q_1 - \Delta Q_2 = A_1 \frac{\mathrm{d}\Delta h_1}{\mathrm{d}t} \tag{3.2.14}$$

$$\Delta Q_1 = K_{\mu_1} \Delta \mu_1 \tag{3.2.15}$$

$$\Delta Q_2 = \frac{\Delta h_1}{R_2} \tag{3.2.16}$$

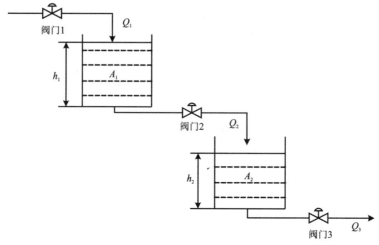

图 3.2.3 分离式双容液位过程

$$\Delta Q_2 - \Delta Q_3 = A_2 \frac{\mathrm{d}\Delta h_2}{\mathrm{d}t} \tag{3.2.17}$$

$$\Delta Q_3 = \frac{\Delta h_2}{R_3} \tag{3.2.18}$$

式中:Q_1、Q_2、Q_3 分别为流过阀门 1、2、3 的流量;h_1、h_2 为水箱 1、2 的液位;A_1、A_2 为水箱 1、2 的截面积;R_2、R_3 为阀门 2、3 的液阻;μ_1 为阀门 1 的开度;K_{μ_1} 为阀门 1 的(流量)比例系数。

消去中间变量 ΔQ_1、ΔQ_2、ΔQ_3、Δh_1,并取 $T_1 = A_1 R_2$、$T_2 = A_2 R_3$、$K = K_\mu R_3$,可得

$$T_1 T_2 \frac{\mathrm{d}^2 \Delta h_2}{\mathrm{d}t^2} + (T_1 + T_2) \frac{\mathrm{d}\Delta h_2}{\mathrm{d}t} + \Delta h_2 = K \Delta \mu_1 \tag{3.2.19}$$

阀门 1 开度 $\Delta \mu_1$ 变化与水箱 2 液位 Δh_2 变化之间的传递函数为

$$\frac{H_2(s)}{\mu_1(s)} = \frac{K}{T_1 T_2 s^2 + (T_1 + T_2)s + 1} = \frac{K}{(T_1 s + 1)(T_2 s + 1)} \tag{3.2.20}$$

式中:$H_2(s) = \mathcal{L}|\Delta h_2(t)|$;$\mu_1(s) = \mathcal{L}|\Delta \mu_1(t)|$。其中,$\mathcal{L}$ 表示拉普拉斯变换。

当阀门 1 开度 μ_1 有一个阶跃变化 $\Delta \mu_1$ 时,双容过程输出变量 $\Delta h_2(t)$ 的响应曲线如图 3.2.4 中的实线所示,不再是指数曲线,而是呈"S"曲线形式。

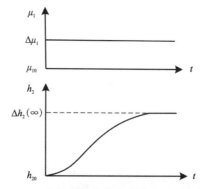

图 3.2.4 分离式双容液位过程阶跃响应曲线

对于图 3.2.5 串联式双容液位过程,用与前面类似的推导过程,可以求得阀门 1 开度变化 $\Delta\mu_1$ 与第二个水箱的液位变化 Δh_2 之间的传递函数为

$$\frac{H_2(s)}{\mu_1(s)} = \frac{K}{T_1 T_2 s^2 + (T_1 + T_2 + T_{12})s + 1} \tag{3.2.21}$$

式中:$T_1 = A_1 R_2$、$T_2 = A_2 R_3$、$T_{12} = A_1 R_3$;$K = K_\mu R_3$;其他参数同上。

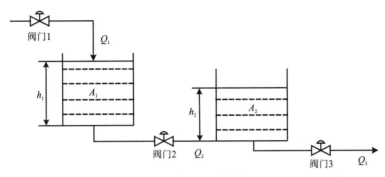

图 3.2.5 串联双容液位过程

与图 3.2.3 分离式双容液位过程的传递函数式(3.2.20)相比,式(3.2.21)分母一次项系数增加了 T_{12},这是由于图 3.2.5 所示双容液位过程的第二个水箱液位对第一个水箱的流出量 Q_2 有影响,而图 3.2.3 分离式双容液位过程第二个水箱液位对第一个水箱的流出量则没有影响。

3.2.4 含有容量滞后过程的建模方法

双容过程阶跃响应曲线为 S 形曲线,如图 3.2.6 所示,在起始阶段与单容过程的阶跃响应曲线有很大差别,这是由于阀门 1 开度变化 $\Delta\mu_1$ 出现瞬间,液位 h_1 的变化量仍然为零,而 ΔQ_2 暂无变化,即 $\Delta Q_2(0) = 0$,导致 h_2 的起始变化速率也为零,即 $\Delta \dot{h}_2(0) = 0$。经过一段延迟时间之后,h_2 的变化速率才能达到最大值。多容过程对于扰动的响应在时间上的这种延迟被称为容量滞后,常用 τ_c 表示。

有时为了简化双容过程的数学模型式(3.2.20),用有时延的单容过程来近似双容过程,这时双容过程的近似传递函数可写为

$$\frac{H_2(s)}{\mu_1(s)} = \frac{K_0}{T_0 s + 1} e^{-\tau_c s} \tag{3.2.22}$$

式中:$K_0 = \dfrac{\Delta h_2(\infty)}{\Delta \mu_1}$;$T_0$、$\tau_c$ 如图 3.2.6 所示。

被控过程的容量系数越大,τ_c 越大;容量个数越多(阶数 n 越多),也会使 τ_c 增大,阶跃响应曲线上升越慢。图 3.2.7 所示为 n 取不同值时多容过程($n = 1, 2, 3, 4$)的阶跃响应曲线。

实际被控过程容量的数目可以很多,每个容量大小也不相同,但多容过程的阶跃响应曲线和图 3.2.7 基本相似,其特性参数都可用 K_0、T_0、τ_c 近似描述。

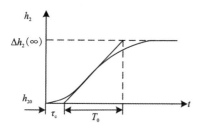

图 3.2.6 双容液位过程响应曲线

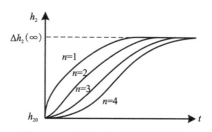

图 3.2.7 多容过程阶跃响应曲线

3.2.5 含有纯滞后过程的建模方法

除了前面讨论的容量滞后之外,在生产过程中还经常遇到由(物料、能量、信号)传输延迟引起的纯滞后 τ_0 。例如皮带运输机、输送管道的传输距离引起的物料、能量输送延迟导致的滞后就是纯滞后。由于纯滞后 τ_0 大都是由传输延迟产生的,所以也称为传输滞后或纯时延。

图 3.2.8 所示为具有纯滞后的单容液位过程,与图 3.1.1 所示的单容液位控制过程相比,除了流入的流量 Q_1 要经过长度为 l 的管道延迟之外,其余部分完全相同,假设从阀门 1 开度变化到流入水箱的流量 Q_1 变化之间的时间延迟为 τ_0 。

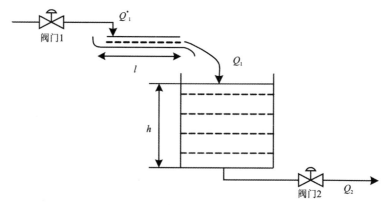

图 3.2.8 存在纯滞后的液位过程

仿照式(3.2.1)中单容水箱液位控制过程的建模方法,对图 3.2.8 存在纯滞后的液位过程可写出下列增量方程组

$$A \frac{\mathrm{d}\Delta h}{\mathrm{d}t} = \Delta Q_1 - \Delta Q_2 \tag{3.2.23}$$

$$\Delta Q_1 = K_\mu \Delta \mu(t - \tau_0) \tag{3.2.24}$$

$$\Delta Q_2 = \frac{\Delta h}{R_2} \tag{3.2.25}$$

消除中间变量 ΔQ_1、ΔQ_2,并令 $T = AR_2$、$K = K_\mu R_2$,可得

$$T \frac{\mathrm{d}\Delta h}{\mathrm{d}t} + \Delta h = K \Delta \mu(t - \tau_0) \tag{3.2.26}$$

取拉普拉斯变换并整理可得阀门 1 的开度变化 $\Delta\mu$ 与水箱液位变化 Δh 之间的传递函数

$$\frac{H(s)}{\mu(s)} = \frac{K}{Ts+1}e^{-\tau_0 s} \quad (3.2.27)$$

式中：$H_2(s) = \mathcal{L}|\Delta h(s)|$；$\mu(s) = \mathcal{L}|\Delta \mu(s)|$。其中 $\mathcal{L}$ 表示拉普拉斯变换。

图 3.2.8 所示液位过程对 $\Delta\mu$ 阶跃变化的响应曲线如图 3.2.9 所示。与图 3.1.4 相比，具有纯滞后液位过程的阶跃响应在时间上有一个 τ_0 纯滞后。

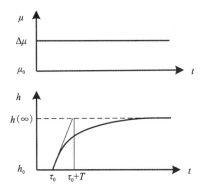

图 3.2.9 有纯滞后单容液位过程阶跃响应曲线

对于既有纯滞后 τ_0，又有容量滞后 τ_c 的被控过程，它的总滞后 τ 应包含这两部分，即

$$\tau = \tau_c + \tau_0 。$$

不论是纯滞后还是容量滞后，都对控制系统的品质产生非常不利的影响。滞后的存在，往往会导致扰动作用不能及早察觉，控制作用不能及时奏效，造成控制效果不好甚至无法控制。

3.3 实验建模法

上一节讨论的机理建模法主要通过分析过程的工作机理、物料或能量平衡关系，求得被控过程的微分方程。许多工业过程内部的工艺过程复杂，按照机理建立被控过程数学模型十分困难。此外，用机理建模法得到的数学模型，仍然希望通过实验进行验证、改进或进行参数辨识。实验建模法常用于内在结构和变化机理比较复杂、难以用机理建模法建立数学模型的工业过程。

3.3.1 实验建模法步骤

实验建模法是根据工业过程的输入和输出的实测数据进行某种数学处理后得到数学模型，其主要特点是把被研究的工业过程视为一个黑匣子，完全从外部特征上测试和描述他的动态特性。由于系统内部运动不清楚，故称为"黑箱模型"。实验建模法建模过程如图 3.3.1 所示，主要分为以下 7 个步骤：

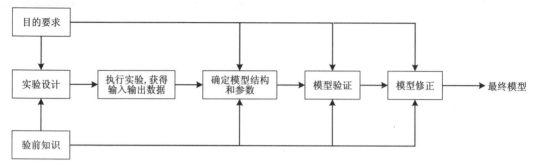

图 3.3.1 实验建模法一般步骤

(1) 确定数学模型的应用目的和相应要求。根据应用目的不同,选择合适的模型表达形式。

(2) 了解先验知识。根据过程内在机理和已有运行数据分析结论,明确过程是否接近线性,确定纯滞后时间和时间常数的大小等。

(3) 开始实验设计。确定输入信号的幅值和频谱、采样周期、总的测试时间数据存储方法;确定辨识方法、信号滤波方法等。

(4) 执行实验。反复进行实验过程,获取输入与输出数据。

(5) 确定过程模型结构和参数。根据建模目的、先验知识和实验数据特点,确定模型描述方式和结构。采用阶跃响应法、频率响应法等经典辨识方法,或者最小二乘法、极大似然法等现代辨识法获得模型参数。

(6) 进行模型验证。包括两种方法,一是自身验证,即在测试时将同一输入作用下的过程输出与依照模型计算出的输出进行对比。二是交叉验证,即在实验时将不同输入作用下的过程输出与依照模型计算出的输出进行对比。

(7) 重复修正模型。如果得到的模型不能满足精度要求,则要重新修正实验设计或模型结构,直到满足要求为止。

实验建模法一般包含经典辨识法和现代辨识法两大类。经典辨识法包括阶跃响应法、频域响应法和相关分析法。它采用阶跃函数、脉冲函数、正弦波函数或是随机函数作为输入信号作用于过程,得到的输出为阶跃响应、脉冲响应、频率特性、相关函数或谱密度,输出采用图形或数据集方式记录。现代辨识法中以最小二乘法最为常用。

3.3.2 阶跃响应曲线法

响应曲线法是指通过操作调节阀,使被控过程的控制输入产生一个阶跃变化或方波变化(输入数据),得到被控量随时间变化的阶跃响应曲线或脉冲响应曲线(输出数据),根据输入-输出数据来辨识输入-输出之间的数学关系。运用阶跃响应曲线法建立过程的数学模型时,需要注意以下几点:

(1) 每次实验时被控过程应处于某一相对稳定的工作状态,否则会使被控过程的其他变化与实验所得的阶跃响应彼此混淆,从而影响辨识结果。

(2) 在相同条件下重复多次实验,以便能从多次实验结果中选取比较接近的两个响应曲线作为分析依据,从而减少随机干扰的影响。每次完成实验后,应将被控过程恢复到原来工况并稳定一段时间再做第二次实验。

(3)选择合理的阶跃输入信号幅度。输入阶跃幅度太大,会对正常生产进行产生不利影响;输入的阶跃幅度过小,其他干扰影响的比重较大,会对实验结果造成影响。因此阶跃变化的幅值一般取正常输入信号最大幅值的10%左右。

(4)考虑到被控过程的非线性,分别对正、反方向的阶跃输入信号进行实验,并比较两次实验结果,以衡量过程的非线性程度。

在完成阶跃响应实验后,根据实验所得到的响应曲线确定模型的结构。对于大多数过程而言,其数学模型通常可以近似为以下几种。

不含时滞和含时滞的自衡特性过程主要表示为

$$G_0(s) = \frac{K_0}{T_0 s + 1}, G_0(s) = \frac{K_0}{T_0 s + 1} e^{-\tau s} \quad (3.3.1)$$

$$G_0(s) = \frac{K_0}{(T_1 s + 1)(T_2 s + 1)}, G_0(s) = \frac{K_0}{(T_1 s + 1)(T_2 s + 1)} e^{-\tau s} \quad (3.3.2)$$

不含时滞和含时滞的无自衡特性过程主要表示为

$$G_0(s) = \frac{K_0}{T_0 s}, G_0(s) = \frac{K_0}{T_0 s} e^{-\tau s} \quad (3.3.3)$$

$$G_0(s) = \frac{K_0}{T_1 s(T_2 s + 1)}, G_0(s) = \frac{K_0}{T_1 s(T_2 s + 1)} e^{-\tau s} \quad (3.3.4)$$

被控过程的数学模型还可以采用更高阶或更复杂的结构形式。但是相应的待估计模型参数也有所增加,使辨识难度增大。因此,在保证满足模型精度要求的前提下,数学模型的结构要尽可能地简单。

1.确定一阶惯性加纯滞后模型中参数 K_0,T_0 和 τ 的作图法

假设在 t_0 时刻加入幅值为 q 的阶跃输入,输出从原来的稳态值达到新的稳态值 $y(\infty)$,如果阶跃响应是一条如图 3.3.2 所示的"S"形单调曲线,就可以采用式(3.3.1)来拟合。

增益 K_0 的计算为

$$K_0 = \frac{y(\infty) - y_0}{q} \quad (3.3.5)$$

式中:$y(\infty)$ 为广义对象输出(即被控变量测量值)的新的稳态值;y_0 为广义对象输出的初始稳态值。

时间常数和滞后时间可以用作图法确定,在曲线的拐点 P 处做切线,它与时间轴交于 A 点,与曲线的稳态渐进线交于 B 点,则有

$$T_0 = t_B - t_A, \tau = t_A - t_0 \quad (3.3.6)$$

这种作图法拟合精度一般较差。首先,当与式(3.3.1)所对应的阶跃响应是一条向后平移时刻 τ 的指数曲线时,很难完美地拟合一条"S"形曲线;其次,在作图过程中,切线的画法也有较大的随意性,这直接关系到 T_0 和 τ 的取值。

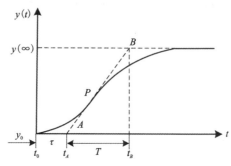

图 3.3.2 用作图法确定参数 T_0 和 τ

2.确定一阶惯性加纯滞后模型中参数 K_0, T_0 和 τ 的两点法

所谓的两点法就是利用阶跃响应 $y(t)$ 上两个点的数据来计算 T_0 和 τ,增益系数 K_0 仍采用式(3.3.5)进行计算。

为了便于处理,首先需要把 $y(t)$ 转换为无量纲形式 $y^*(t)$,即

$$y^*(t) = \frac{y(t) - y_0}{y(\infty) - y_0} \tag{3.3.7}$$

与式(3.3.1)相对应的阶跃响应无量纲形式为

$$y^*(t) = \begin{cases} 0, t < \tau + t_0 \\ 1 - e^{-\frac{t - \tau - t_0}{T_0}}, t \geq \tau + t_0 \end{cases} \tag{3.3.8}$$

上式中只有两个参数 T_0 和 τ,因此可以根据两个点的测试数据进行拟合。假设选择两个时刻 t_1 和 t_2,其中 $t_2 > t_1 \geq \tau$,从测试结果中读出 $y^*(t_1)$ 和 $y^*(t_2)$ 并代入式(3.3.8)中得到下述联立方程

$$\begin{cases} y^*(t_1) = 1 - e^{-\frac{t_1 - \tau - t_0}{T_0}} \\ y^*(t_2) = 1 - e^{-\frac{t_2 - \tau - t_0}{T_0}} \end{cases} \tag{3.3.9}$$

由以上方程可以解出

$$T_0 = \frac{t_2 - t_1}{\ln[1 - y^*(t_1)] - \ln[1 - y^*(t_2)]} \tag{3.3.10}$$

$$\tau = \frac{(t_2 - t_0)\ln[1 - y^*(t_1)] - (t_1 - t_0)\ln[1 - y^*(t_2)]}{\ln[1 - y^*(t_1)] - \ln[1 - y^*(t_2)]} \tag{3.3.11}$$

为了计算方便,常取 $y^*(t_1) = 0.283$,$y^*(t_2) = 0.632$ 的两个点,则可得

$$T_0 = 1.5(t_2 - t_1) \tag{3.3.12}$$

$$\tau = t_2 - t_0 - T_0 \tag{3.3.13}$$

两点法的特点是单凭两个孤立点的数据进行拟合,而不顾及整个测试曲线的形态,尽管比作图法精确,仍具有一定误差,因此得到的结果需要进行仿真验证,并与实际曲线进行比较。

3.确定二阶惯性加纯滞后模型的参数

如果二阶惯性加纯滞后模型的阶跃响应也是一条如图3.3.2所示的"S"形单调曲线,它

可以用式(3.3.2)来拟合,增益 K_0 的计算仍由式(3.3.5)计算得到。根据阶跃响应曲线脱离起始没有响应的阶段,即开始出现变化的时刻,可以确定纯滞后时间 τ。

式(3.3.2)截去纯滞后并去掉增益后可表示为

$$G(s) = \frac{1}{(T_1 s + 1)(T_2 s + 1)}, T_1 > T_2 \tag{3.3.14}$$

化为无量纲形式后,对应的阶跃响应为

$$y^*(t) = 1 - \frac{T_1}{T_1 - T_2} e^{-\frac{t}{T_1}} + \frac{T_2}{T_1 - T_2} e^{-\frac{t}{T_2}} \tag{3.3.15}$$

整理式(3.3.15)可得

$$1 - y^*(t) = \frac{T_1}{T_1 - T_2} e^{-\frac{t}{T_1}} - \frac{T_2}{T_1 - T_2} e^{-\frac{t}{T_2}} \tag{3.3.16}$$

根据式(3.3.16),就可以利用阶跃响应上两个点的数据来确定参数 $[t_1, y^*(t_1)]$ 和 $[t_2, y^*(t_2)]$。例如,可以取输出等于0.4和0.8的两个点,从曲线上得到 t_1 和 t_2,如图3.3.3所示。

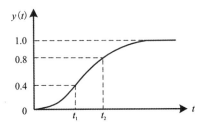

图3.3.3 根据阶跃响应曲线上两个点的数据确定 t_1 和 t_2

根据选取的这两个点,得到下述联立方程:

$$\begin{cases} \dfrac{T_1}{T_1 - T_2} e^{-\frac{t_1}{T_1}} - \dfrac{T_2}{T_1 - T_2} e^{-\frac{t_1}{T_2}} = 0.6 \\ \dfrac{T_1}{T_1 - T_2} e^{-\frac{t_2}{T_1}} - \dfrac{T_2}{T_1 - T_2} e^{-\frac{t_2}{T_2}} = 0.2 \end{cases} \tag{3.3.17}$$

式(3.3.17)的近似解为

$$T_1 + T_2 \approx \frac{1}{2.16}(t_1 + t_2) \tag{3.3.18}$$

$$\frac{T_1 T_2}{(T_1 + T)^2} \approx \left(1.74 \frac{t_1}{t_2} - 0.55\right) \tag{3.3.19}$$

对于用式(3.3.14)表示的二阶对象,一般有

$$0.32 < \frac{t_1}{t_2} \leqslant 0.46 \tag{3.3.20}$$

对于上述结果,需要对其正确性进行验证。当 $T_2 = 0$ 时,式(3.3.14)变为一阶对象,而对于一阶对象的阶跃响应有

$$\frac{t_1}{t_2} = 0.32, t_1 + t_2 = 2.12 T_1 \tag{3.3.21}$$

当 $T_1 = T_2$ 时,即式(3.3.14)中两个时间常数相等时,根据它的阶跃响应解析式可知

$$\frac{t_1}{t_2} = 0.46, t_1 + t_2 = 2.18 \times 2T_1 \tag{3.3.22}$$

如果 $t_1/t_2 > 0.46$,则说明该阶跃响应需要用更高阶数的传递函数才能拟合得更好。此时,仍根据 $y^*(t)$ 等于0.4和0.8分别定出 t_1 和 t_2,然后再根据比值利用表3.3.1查出 n 的值,最后利用下式计算式(3.3.22)中的时间常数 T。

$$nT \approx \frac{t_1 + t_2}{2.16} \tag{3.3.23}$$

表 3.3.1 高阶惯性对象 $1/(Ts+1)^n$ 的阶数与比值 t_1/t_2 的关系

n	t_1/t_2	n	t_1/t_2
1	0.32	8	0.685
2	0.46	9	
3	0.53	10	0.71
4	0.58	11	
5	0.62	12	0.735
6	0.65	13	
7	0.67	14	0.75

3.3.3 脉冲响应曲线法

为了能够施加比较大的扰动幅度,又不会严重干扰正常生产,可以用矩形脉冲输入代替通常的阶跃输入。该方法特别适用于非自衡的液位过程,即加入大幅度的阶跃扰动,经过一小段时间后立即将扰动切除。这样得到的矩形脉冲响应不同于正规的脉冲响应,但两者之间有密切关系,可以从中求出所需要的阶跃响应,如图 3.3.4 所示。

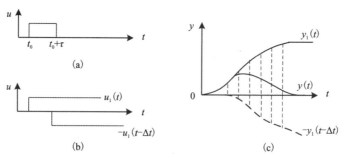

图 3.3.4 由矩形脉冲响应确定阶跃响应

图 3.3.4(a)中的矩形脉冲输入可视为两个阶跃输入的叠加,如图 3.3.4(b)所示。它们的幅度相等但是方向相反,且开始作用的时间不同,因此

$$u(t) = u_1(t) - u_1(t - \Delta t) \tag{3.3.24}$$

假定对象无明显非线性,则矩形脉冲响应就是两个阶跃响应之和,如图 3.3.4(c)所示,即

$$y(t) = y_1(t) - y_1(t - \Delta t) \tag{3.3.25}$$

在 t_i 时刻所求的阶跃响应值为

$$y_1(t_i) = y(t_i) + y_1(t_i - \Delta t) \tag{3.3.26}$$

根据式(3.3.26),从响应曲线中选取若干等时间采样点,t_0 到 $t_0 + \tau$ 之间的响应是 $y_1(t)$;$t_0 + \tau$ 之后的响应是 $y_1(t) - y_1(t - \Delta t)$。可以用逐段递推的作图或计算方法得到阶跃响应 $y_1(t)$。

3.4 参数辨识法

由测试数据直接求取模型的途径称为参数辨识,而在已定模型结构的基础上,由测试数据确定参数的方法称为参数估计,也可以将二者统称为系统辨识,而把参数估计作为其中的一个步骤。辨识就是通过实验确定过程或系统的时域特性模型。通过可测信号确定过程或系统的时域特性数学模型,使得真实过程或系统与数学模型之间的误差(或称偏差)尽可能小。

最小二乘法是系统参数辨识的基本方法,它是以准则函数最小化为目标推导出系统参数的辨识算法。本节主要介绍非递推最小二乘法参数辨识、递推最小二乘法参数辨识方法。

3.4.1 非递推最小二乘法参数辨识

对于一个单输入单输出(SISO)线性定常系统,可以用连续时间模型描述,如微分方程、传递函数等;也可以用离散事件模型来描述,如差分方程、脉冲传递函数等。被控过程参数辨识的任务是确定模型结构和结构中的参数。

最小二乘法数学过程描述为:已知模型阶数 n 和滞后如下 τ_0,来选择(估计)数学模型的未知参数,使得估计误差的平方和最小。

假定有一个如下数学模型:

$$y(t) = u_1(t)\theta_1 + u_2(t)\theta_2 + \cdots + u_n(t)\theta_n \tag{3.4.1}$$

式中,$y(t)$ 为输出变量;$\{\theta_1, \theta_2, \cdots, \theta_n\}$ 为一组常数;$u_1(t), u_2(t), \cdots, u_n(t)$ 为 n 个已知的输入函数,它们可能依赖于其他已知变量;变量 t 通常表示时间。

在 $t=1,2,\cdots,N$ 时,对 $y(t)$ 和 $u_1(t),u_2(t),\cdots,u_n(t)$ 进行 N 次采样,获取 N 组观测样本。若将样本数据分别代入式(3.4.2)中,则可得到一组线性方程,即

$$y(t) = u_1(t)\theta_1 + u_2(t)\theta_2 + \cdots + u_n(t)\theta_n \quad t=1,2,\cdots,N \tag{3.4.2}$$

将其写成简单的矩阵形式为

$$\boldsymbol{Y} = \boldsymbol{U}\boldsymbol{\theta} \tag{3.4.3}$$

其中

$$\boldsymbol{Y} = \begin{bmatrix} y(1) \\ y(2) \\ \vdots \\ y(N) \end{bmatrix}, \quad \boldsymbol{U} = \begin{bmatrix} u_1(1) & u_2(1) & \cdots & u_n(1) \\ u_1(2) & u_2(2) & \cdots & u_n(2) \\ \vdots & \vdots & \ddots & \vdots \\ u_1(N) & u_2(N) & \cdots & u_n(N) \end{bmatrix}, \quad \boldsymbol{\theta} = \begin{bmatrix} \theta_1 \\ \theta_2 \\ \vdots \\ \theta_n \end{bmatrix}$$

该方程组有解的必要条件是 $N \geqslant n$。当 $N=n$,且 $\boldsymbol{U}$ 的逆矩阵 $\boldsymbol{U}^{-1}$ 存在时有唯一解 $\hat{\boldsymbol{\theta}} = \boldsymbol{U}^{-1}\boldsymbol{Y}$,其中 $\hat{\boldsymbol{\theta}}$ 是 $\boldsymbol{\theta}$ 的估计值。

然而,由于数据可能会被干扰和测量噪声污染,一般很难直接求解到和采样数据相匹配的参数估计向量 $\hat{\boldsymbol{\theta}}$。采用最小二乘误差对参数进行估计是一种有效的确定参数方法。

引入残差（误差）$\varepsilon(t)$，令
$$\varepsilon(t) = y(t) - \hat{y}(t) = y(t) - u(t)\theta \tag{3.4.4}$$

选择 $\hat{\theta}$，使最小二乘准则（即损失函数或代价函数）
$$V_{LS} = \frac{1}{N}\sum_{t=1}^{N}\varepsilon(t)^2 = \frac{1}{N}\sum_{t=1}^{N}[y(t) - u(t)\theta]^2 = \frac{1}{N}\boldsymbol{\varepsilon}^T\boldsymbol{\varepsilon} \tag{3.4.5}$$

最小，其中
$$\boldsymbol{\varepsilon} = \begin{bmatrix} \varepsilon(1) \\ \varepsilon(2) \\ \vdots \\ \varepsilon(N) \end{bmatrix}$$

为了使损失函数最小化，将式表示为
$$V_{LS}(\boldsymbol{\theta}) = \frac{1}{N}(\boldsymbol{Y} - \boldsymbol{U}\boldsymbol{\theta})^T(\boldsymbol{Y} - \boldsymbol{U}\boldsymbol{\theta}) \tag{3.4.6}$$

对 $V_{LS}(\boldsymbol{\theta})$ 求关于 $\boldsymbol{\theta}$ 的一次导数，且令其为零，则有
$$\frac{\partial V_{LS}(\boldsymbol{\theta})}{\partial \boldsymbol{\theta}}\Big|_{\theta=\hat{\theta}} = \frac{1}{N}[-2\boldsymbol{U}^T\boldsymbol{Y} + 2\boldsymbol{U}^T\boldsymbol{U}\hat{\boldsymbol{\theta}}] = 0 \tag{3.4.7}$$

求解此方程可得
$$\hat{\boldsymbol{\theta}} = [\boldsymbol{U}^T\boldsymbol{U}]^{-1}\boldsymbol{U}^T\boldsymbol{Y} \tag{3.4.8}$$

这就是最小二乘方法参数 $\boldsymbol{\theta}$ 估计值。

以上推导的最小二乘法存在一些不足。例如：预先取得的观测值越多，系统参数估计的精度越高，但使得矩阵 $[\boldsymbol{U}^T\boldsymbol{U}]$ 的阶数越大，矩阵求逆计算量也越大，所需的存储空间也会越大；每增加一次观测值，必须重新计算 $\boldsymbol{U}$ 和 $[\boldsymbol{U}^T\boldsymbol{U}]^{-1}$。若 $[\boldsymbol{U}^T\boldsymbol{U}]$ 列相关，即不满秩，则 $[\boldsymbol{U}^T\boldsymbol{U}]$ 为病态矩阵，无法求得最小二乘估计值。为了改进这些问题，目前有递推最小二乘法，广义最小二乘法等方法。

3.4.2 递推最小二乘法参数辨识

递推算法就是依时间顺序，每获得一次新的观测数据就修正一次参数估计值，随着时间的推移，便能获得满意的辨识结果。由式(3.4.8)得在 $k-1$ 时刻和 k 时刻，系统参数估计结果为

$$\hat{\boldsymbol{\theta}}(k-1) = [\boldsymbol{U}_{k-1}^T\boldsymbol{U}_{k-1}]^{-1}\boldsymbol{U}_{k-1}^T\boldsymbol{Y}_{k-1} \tag{3.4.9}$$

$$\hat{\boldsymbol{\theta}}(k) = [\boldsymbol{U}_k^T\boldsymbol{U}_k]^{-1}\boldsymbol{U}_k^T\boldsymbol{Y}_k \tag{3.4.10}$$

其中 $\hat{\boldsymbol{\theta}}(k-1)$ 和 $\hat{\boldsymbol{\theta}}(k)$ 分别为根据前 $k-1$ 次和前 k 次采样数据得到的最小二乘参数估计值。

首先假定在 $k-1$ 次递推中，已计算好参数估计值，在第 k 次递推时，已经获得新的观测数据向量 $u(k)$ 和 $y(k)$，则记

$$\boldsymbol{U}_{k-1} = [u(1), u(2), \cdots, u(k-1)]^T \tag{3.4.11}$$

$$U_k = [u(1), u(2), \cdots, u(k-1), u(k)]^T = [U_{k-1}{}^T, u(k)]^T \quad (3.4.12)$$
$$Y_{k-1} = [y(1), y(2), \cdots, y(k-1)]^T \quad (3.4.13)$$
$$Y_k = [y(1), y(2), \cdots, y(k)]^T = [Y_{k-1}{}^T, y(k)]^T \quad (3.4.14)$$

3.4.1 节所述的非递推最小二乘法进行递推化的关键是算法中的矩阵求逆的递推计算问题。因此，下面先讨论该逆矩阵的递推计算。令

$$P(k) = (U_k{}^T U_k)^{-1} \quad (3.4.15)$$

将 U_k 展开，故有

$$\begin{aligned} P(k) &= ([U_{k-1}{}^T, u(k)][U_{k-1}{}^T, u(k)]^T)^{-1} \\ &= [P^{-1}(k-1) + U(k-1)U^T(k-1)]^{-1} \end{aligned} \quad (3.4.16)$$

根据矩阵反演公式（A 和 C 为可逆方阵）

$$(A + BCD)^{-1} = A^{-1} - A^{-1}B(C + DA^{-1}B)^{-1}DA^{-1} \quad (3.4.17)$$

得

$$\begin{aligned} P(k) &= P(k-1) - P(k-1)u(k-1)[1 + U_{k-1}{}^T P(k-1)u(k-1)] \\ &= \left[1 - \frac{U_{k-1}{}^T P(k-1)u(k-1)}{1 + U_{k-1}{}^T P(k-1)u(k-1)}\right] P(k-1) \end{aligned} \quad (3.4.18)$$

然后，再来讨论参数估计值 $\hat{\boldsymbol{\theta}}(k)$ 的递推计算。由上述推导的逆矩阵递推计算可知

$$\begin{aligned} \hat{\boldsymbol{\theta}}(k) &= [U_k{}^T U_k]^{-1} U_k{}^T Y_k \\ &= P(k) U_k{}^T Y_k \\ &= \left[1 - \frac{U_{k-1}{}^T P(k-1) u(k-1)}{1 + U_{k-1}{}^T P(k-1) u(k-1)}\right] P(k-1)[U_{k-1}{}^T, u(k)][Y_{k-1}{}^T, y(k)]^T \\ &= \hat{\boldsymbol{\theta}}(k-1) + P(k) u(k)[y(k) - U_{k-1}{}^T \hat{\boldsymbol{\theta}}(k-1)] \end{aligned}$$
$$(3.4.19)$$

其中计算顺序为先计算 $P(k)$，再计算 $\hat{\boldsymbol{\theta}}(k)$。

非递推最小二乘法和递推最小二乘法的比较如下：

(1) 非递推最小二乘法是一次完成算法，适于离线辨识，要记忆全部测量数据，程序长；递推最小二乘法是递推算法，适于在线辨识和时变过程，需记忆的数据少，程序简单。

(2) 递推最小二乘法用粗糙初值时，若样本数少较小，估计精度不如非递推最小二乘法。

以上讨论都假定模型阶次已知，且没有考虑纯延迟时间，实际上需要根据实验数据加以确定，其中最简单实用的方法是采用数据拟合度检验法，或称损失函数检验法。

课后习题

1. 什么是被控过程的特性？什么是被控过程的数学模型？目前研究过程数学模型的方法主要包括哪些？

2. 什么是自衡特性与非自衡特性？

3. 什么是过程的滞后特性？滞后有哪几种？产生的原因是什么？

4. 简述动态数学模型的一般列写方法。

5. 如下图所示,已知两只水箱串联工作,其输入量为 Q_1,流出量为 Q_2、Q_3。h_1 和 h_2 分别为两只水箱的水位,其中 h_2 为被控变量,C_1 和 C_2 分别为两只水箱的横截面积。

(1) 列写过程的微风方程组;

(2) 画出过程的方框图;

(3) 求液位过程的传递函数 $G(s) = \dfrac{h_2(s)}{Q_1(s)}$。

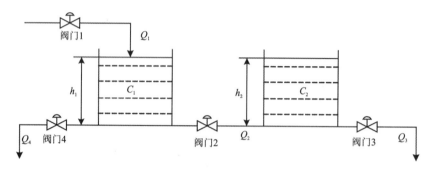

6. 请阐述最小二乘法实现数学模型参数估计的基本原理。

7. 最小二乘法的一次完成算法和递推算法有什么区别?

8. 某水箱的阶跃响应实验数据如下,其中阶跃扰动量 $\Delta u = 20\%$。

$t(\text{s})$	0	10	20	40	60	80	100	150	200	300	400	500
$h(\text{mm})$	0	9.5	18	33	45	55	63	78	86	95	98	99

(1) 画出水位的阶跃响应曲线;

(2) 若该水位对象用一阶惯性环节近似,试确定其增益 K 和时间常数 T。

9. 某一流量对象,当调节阀气压改变 0.1MPa 时,流量数据如下。

$t(\text{s})$	0	10	20	40	60	80	100	…	…
$\Delta Q(\text{m}^3 \cdot \text{h})$	0	40	62	100	124	140	152	…	180

用一阶惯性环节近似该被控对象,确定其传递函数。

第 4 章 单回路控制系统

单回路反馈控制系统是最基本的一类控制系统,也被称为简单控制系统,除了单独使用以外,还往往作为底层基础单元应用于复杂控制系统中。目前单回路反馈控制系统因结构简单、实现方便、成本低、控制效果较好等特点,仍占据工业过程控制回路的绝大多数,是生产过程中应用最为广泛的控制系统。

4.1 系统结构与组成

单回路控制系统结构和组成相对较简单,由一个控制回路构成,用于控制一个目标。以如图 4.1.1 所示的水箱液位控制系统为例进行介绍,图中 Q_1 和 Q_2 分别是水箱的流入量和流出量,系统通过控制水箱流出量 Q_2 保持液位 L 不变。该系统由一个液位检测变送器 LT、一个液位控制器 LC 和一个液位调节阀组成,SP 为液位的给定值。

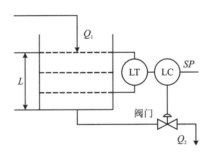

LC.液位控制器;LT.液位检测变送器;SP.控制器的给定值。
图 4.1.1 水箱液位控制系统

可以看出单回路控制系统由被控对象、检测变送装置、控制器、执行器四部分组成,如图 4.1.2 所示。图中,给定量 $r(t)$ 是系统的期望,被控变量 $y(t)$ 是系统的输出,检测变送装置将 $y(t)$ 的测量值 $y'(t)$ 返回系统与 $r(t)$ 进行比较得到偏差 $e(t)$;控制器根据 $e(t)$ 计算得到控制量 $u(t)$ 用于调节执行器得到操作变量 $q(t)$,其作用到被控对象上使得在干扰量 $d(t)$ 的影响下,$y(t)$ 的值仍接近期望 $r(t)$,从而达到期望的控制效果。

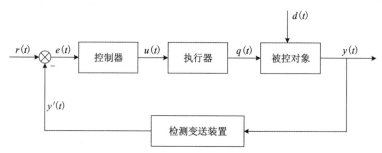

图 4.1.2 单回路控制系统方框图

4.2 单回路控制系统的设计方法

为保证单回路控制系统具有满意的控制效果,有必要对它进行仔细分析和设计,设计过程主要包括以下内容和步骤:

(1)深入分析工艺特性和控制要求,选择关键指标参数作为被控变量。
(2)分析被控过程特性,必要时建立其数学模型,作为分析和设计控制系统的基本依据。
(3)研究对象特性对控制质量的影响,选取合适的控制通道,确定系统的操作变量。
(4)结合被控变量类型与工艺实际需求选择检测变送装置。
(5)考虑控制系统安全性和可靠性的要求选择执行器结构形式。
(6)确定单回路控制系统各环节的正反规律,确保设计的系统是一个负反馈的闭环控制系统。
(7)设计合适的控制器形式和控制规律,在保证系统安全的前提下,使系统达到满意的控制性能指标。

本小节主要阐述被控变量的选择、操作变量的确定、各环节正反作用规律的确定。被控对象特性分析已在本书第 2 章进行叙述,测量变送装置的选取与执行器的选取已在第 3 章进行叙述,本节不再赘述。单回路控制器的设计将在 4.3 节进行详细描述。

4.2.1 被控变量的选择

设计过程控制系统前首先必须深入分析工艺过程,明确系统的控制要求,从生产过程对控制系统的要求出发,找出影响生产的关键参数作为被控变量。

1.被控变量分类

根据被控变量与生产过程的关系,可将被控变量分为直接参数与间接参数两种类型。针对温度、压力、液位等可直接测量和控制的参数采用直接参数控制法;针对工艺质量指标、系统综合能耗指标等无法直接测量,或需要利用其他可测参数进行特性关系估计的参数,采用间接参数控制的方法。

2.被控变量选择原则

在过程工业装置中,被控变量的选择是为了实现预期的工艺目标,而实际工业系统往往有多个工艺变量或参数都可以被选择作为被控变量,如何从多个变量中选择最合适的参数作为被控变量,一般应遵循下列选取原则:

(1)应尽量选择能直接反映生产过程的产品质量参数,或选择工业过程中比较重要的变量,选择的变量能较好地反映工艺操作性能和工艺操作状态。

(2)选择间接指标参数时,应选择对目标参数影响最显著且具有最好单值对应关系的参数。

(3)选择的参数应独立可控。

(4)应考虑工艺实施的合理性和经济性以及测量仪器仪表的适用性。

4.2.2 操作变量的确定

在实际工业过程中,影响被控变量的因素通常不止一个。对于单回路控制系统而言,需要从众多影响被控变量的因素中选择一个作为操作变量(或称为控制变量),其他因素则作为扰动量。在选择操作变量时,应首先分析对象的特性,再通过分析比较,选择一个对被控变量影响显著且可控性良好的变量作为操作变量。这种选取方式有利于抑制干扰或使被控变量能够快速跟踪设定值,从而保证生产的正常进行。

1.对象特性对控制质量的影响

在控制系统中存在着某一参数对另一参数影响的通路称为通道,一个带扰动的单回路控制系统如图 4.2.1 所示,控制通道是控制作用 $U(s)$ 对被控变量 $Y(s)$ 的影响通路,干扰通道是干扰作用 $D(s)$ 对被控变量 $Y(s)$ 的影响通路。不失一般性,令图中的控制通道、干扰通道和控制器的传递函数模型分别为 $G_{PD}(s) = \dfrac{K_d}{1+T_d s}$,$G_{PC}(s) = \dfrac{K_p}{(1+T_{p1}s)(1+T_{p2}s)}$,$G_C(s) = K_c$。

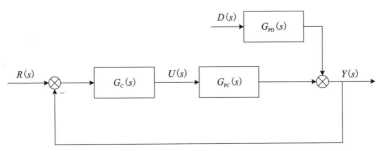

图 4.2.1 带扰动的单回路控制系统方框图

1)干扰通道特性对控制质量的影响

闭环条件下,被控变量与干扰变量的传递函数为

$$\frac{Y(s)}{D(s)} = \frac{G_{PD}(s)}{1+G_C(s)G_{PC}(s)} \tag{4.2.1}$$

假定扰动为阶跃干扰,则 $D(s) = \dfrac{1}{s}$,将各式代入公式(4.2.1)中并运用终值定理可以得到

$$y(\infty) = \lim_{s \to 0} sY(s) = \frac{K_d}{1 + K_p K_c} \tag{4.2.2}$$

式中:K_d 为干扰通道的增益系数;$K_p K_c$ 为被控对象的增益系数与控制器增益系数的乘积,称为系统的开环增益系数。

对定值系统而言,$y(\infty) - r$ 为系统的稳态误差。

从静态方面来看,控制系统的稳态误差与干扰通道的增益系数成正比,即干扰通道的增益系数 K_d 越大,系统稳态误差越大,控制质量越差;控制系统的稳态误差与开环增益系数成反比,当 K_d 与 K_c 保持不变时,K_p 越大,系统稳态误差越小。但是 K_p 的变化还会对控制系统的动态性能造成影响,在控制系统的衰减比一定的情况下,控制系统的开环增益系数是一个常数,即 K_p 与 K_c 的乘积是一个定值,通常该值的大小反映了系统的可控性,允许的该值越大,系统可控性越好。当 K_p 增大时,K_c 需要减小才能维持系统具有相同的稳定程度。

为了方便研究时间常数 T_d 对控制质量的影响,假定图 4.2.1 所示的控制系统各环节的增益系数为 1,则此时系统在干扰作用下的闭环传递函数为

$$\frac{Y(s)}{D(s)} = \frac{1}{T_d \left(s + \dfrac{1}{T_d}\right)(1 + G_c(s) G_{PC}(s))} \tag{4.2.3}$$

由公式(4.2.3)可知,当干扰通道为一阶惯性环节时,它会改变系统的特征方程,在根平面的负半轴添加了一个附加极点 $1/T_d$,这个附加极点会影响系统动态过程的调节时间。因此多数情况下,系统的动态过程控制品质随着 T_d 减小而变差。

对于干扰通道有纯滞后的情况,其传递函数为

$$\frac{Y_\tau(s)}{D(s)} = \frac{G_{PD}(s) e^{-\tau s}}{1 + G_c(s) G_{PC}(s)} \tag{4.2.4}$$

通过对 $Y(s)$ 和 $Y_\tau(s)$ 进行反拉普拉斯变换得到 $y(t)$ 和 $y_\tau(t)$,并应用控制原理中的滞后定理可以得到 $y_\tau(t) = y(t - \tau)$,因此干扰通道纯滞后时间 τ 仅使得干扰对被控变量的影响往后延迟滞后时间 τ,对于控制质量并没有影响。

2)控制通道特性对控制质量的影响

图 4.2.1 所示系统的特征方程为

$$1 + G_c(s) G_{PC}(s) = 0 \tag{4.2.5}$$

同先前假设则可得到

$$s^2 + \frac{T_{p1} + T_{p2}}{T_{p1} T_{p2}} s + \frac{1 + K_p K_c}{T_{p1} T_{p2}} = 0 \tag{4.2.6}$$

因而求得自然振荡频率与系统衰减系数为

$$\omega_p = \sqrt{\frac{1 + K_p K_c}{T_{p1} T_{p2}}}, \quad \xi = \frac{T_{p1} + T_{p2}}{2\sqrt{T_{p1} T_{p2}(1 + K_p K_c)}} \tag{4.2.7}$$

由于时间常数 T_{p1}、T_{p2} 与系统的自然振荡频率相关,当控制通道时间常数增大时,系统

工作频率降低,控制速度变慢,因此系统的控制质量会变差。

当控制通道存在纯滞后时间 τ 时,控制作用要延迟 τ 时间才能对干扰起到抑制作用,因而系统在 τ 时间内得不到有效的控制,与控制通道没有纯滞后时间的情况相比,此时系统的控制质量会变差。

2.操作变量的选择原则

根据控制通道和干扰通道对控制性能影响的分析,操作变量的选取应遵循下列原则:

(1)操作变量必须是可控的,即工艺上允许调节的变量,且在控制过程中该变量变化的极限范围在生产允许范围内。

(2)被控过程所有输入变量中对被控变量影响最大。

(3)使得干扰通道的时间常数越大越好,而控制通道的时间常数则应该适当小一些。

(4)使得控制通道的纯滞后时间越小越好,设计中尽可能将含有较大的纯滞后通道配置为扰动通道。

(5)还需考虑工艺的合理性与生产的经济性。一般来说,不宜选择生产负荷作为操作变量,以免产量受到波动。

4.2.3 各环节正反作用规律的确定

单回路控制系统由被控对象、检测变送装置、控制器、执行器四部分组成,这四个环节都有各自的作用方向。所谓作用方向指输入变化后,引起的对应输出的方向变化关系。如果输入增加后,输出也同步增加,此时为正作用;反之为反作用。控制系统设计的前提是构造一个带负反馈的闭环控制系统,这就要求对这四个环节的作用方向进行合理选择。在分析控制系统各环节正反作用前,首先应明确各环节的输入和输出,只有正确判断输入与输出间的关系,才能正确判断各环节的正反作用。单回路控制系统各环节正反作用规律分析如下。

1.被控对象

被控对象的输入是操作变量,输出是被控变量。当操作变量增加时,被控变量也增加的对象为正作用对象;当操作变量增加时,被控变量减小的对象为反作用对象。如图4.1.1所示的水箱液位控制系统,当操作变量流出水箱的流量增加,水箱液位下降,因此视其为反作用方向;如果改为控制进液阀流量为操作变量,则该对象是正作用方向。

2.检测与变送装置

通常情况下,检测与变送装置是对被控变量进行检测及比例变送,作用方向与被控变量相同,因此其一般情况下为正作用方向。但有时由于检测装置安装位置不同和方式不同,也会有反作用方向的情况。例如在液位测量时,如果将超声波液位计安装在被测液位上部,液位越高测量值越小,此时该检测变送环节为反作用方向。

3.执行器

执行器的输入是控制器的输出(控制量),执行器输出是由阀门调节的操作变量。下面以气动控制阀为例说明执行器的正反作用方向。当控制阀为气开阀时,控制器的输出变量增加,气开阀的开度增加,流过阀门的流量增加,此时为正作用方向;当控制阀为气关阀时,控制器的输出变量增加,气关阀的开度减小,流过阀门的流量减小,此时为反作用方向。

4.控制器

控制器的输出是控制量,取决于被控变量的设定值与测量值的差,而两者的变化方向对控制器的输出作用方向相反。为了统一描述,控制器的正反作用规律定义为:当给定值不变时,被控变量的测量值增加,控制器的输出增加;或者当被控变量的测量值不变时,给定值减小,控制器的输出增加,此时为正作用方向。上述两种情况的反例则为反作用方向。

控制系统各环节的正反作用最终决定了整个系统的作用方向,在系统设计过程中,首先通过工艺机理确定被控对象的作用方向;然后根据检测变送装置的特点和安装方式确定作用方向;接着根据生产要求决定执行器的气开、气关类型;最后为使整个控制系统成负反馈系统确定控制器作用方向(即系统中反作用的个数为奇数个或系统的开环增益之积为正),也可以根据(+、-)符号的乘法运算规则确定。

以图4.1.1所示的液位控制系统为例,首先根据工艺机理,当流出水箱的流量增加时,水箱液位下降,因而被控对象为反作用方向;然后根据生产工艺,调节阀为气关阀,当控制量增大时,阀门开度减小,流量减少,所以执行器是反作用方向;故控制器应采用反作用控制器,从而构成负反馈控制系统。

4.3 PID控制器及参数整定

在工程实际的单回路控制系统中,应用最为广泛的控制器调节规律为比例积分微分(proportional-integral-differential,PID)控制规律。PID因其结构简单、可操作性强、鲁棒性好等优势,在工业现场中的应用仍是最为普遍的。

4.3.1 PID控制算法原理

PID控制一般适用于非线性程度不高,控制通道容量滞后和纯滞后不大,干扰作用不是特别大的场合。它包含比例控制、积分控制、微分控制三种控制策略。

1.比例(P)控制

比例控制器的输出信号 $u(t)$ 与输入偏差信号 $e(t)$ 成比例关系,即

$$u(t) = K_c e(t) \tag{4.3.1}$$

式中:$u(t)$ 为控制器的输出;K_c 为比例增益;$e(t)$ 为设定值与检测量的偏差,是控制器的输入。

在过程控制中,有时也用比例增益的倒数表示比例控制的强弱,称为比例带,即

$$\delta = \frac{1}{K_c} \times 100\% \tag{4.3.2}$$

如图4.3.1所示,假定系统的广义过程为一个一阶惯性环节,该系统的闭环传递函数为

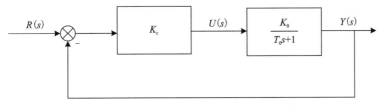

图 4.3.1　加入比例控制的一阶惯性环节

$$\frac{Y(s)}{R(s)} = \frac{\dfrac{K_0 K_c}{1+K_0 K_c}}{\dfrac{T_0}{1+K_0 K_c}s+1} = \frac{K}{T_s s+1} \tag{4.3.3}$$

式中：$K = \dfrac{K_0 K_c}{1+K_0 K_c}$，$T_s = \dfrac{T_0}{1+K_0 K_c}$。

很显然,添加比例控制项后,系统的时间常数 T_s 减小为 T_0 的 $\dfrac{1}{1+K_0 K_c}$；且随着比例增益 K_c 越大,T_s 减小得越多,系统的响应速度越快。但是单纯增加 K_c 会使得系统的稳定性变差,可能会使得系统开始出现振荡。

比例控制器的单位阶跃响应曲线示意图如图 4.3.2 所示,图中箭头方向代表 K_c 增大的方向,此时比例作用不断增强。图 4.3.2(a)显示的是一阶惯性系统在不同比例增益下的阶跃响应曲线示意图；图 4.3.2(b)是二阶及以上系统在不同比例增益下的阶跃响应曲线示意图,随着比例增益增加,系统会出现振荡。

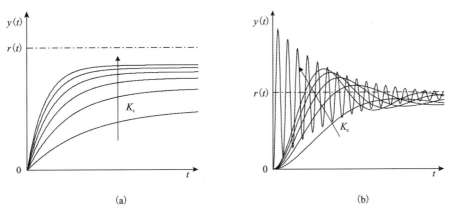

(a)　　　　　　　　　　　　　(b)

图 4.3.2　比例控制器的阶跃响应曲线示意图

结合图例可以得到比例控制具有以下几个特点：

(1)添加比例环节后,系统稳态误差与比例增益 K_c 成反向关系。增加 K_c 能够减小稳态误差,提高系统稳态性能,但可能会使系统振荡加速,稳定性变差。

(2)比例控制是有差控制,其根据偏差大小来调节控制作用,使得系统能够快速响应变化。误差为零时,控制器输出也为零,系统会重新产生偏差,不能形成稳态。因此比例控制只能使系统的输出量接近设定值而无法消除系统的稳态误差。

2. 积分(I)控制

积分控制器的输出信号 $u(t)$ 与输入偏差信号 $e(t)$ 成正比关系,即

$$u(t) = S_I \int_0^t e(\tau)d\tau \tag{4.3.4}$$

式中:S_I 为积分速度;t 为当前时刻。

由式(4.3.4)可见,只要偏差存在,积分控制器的输出会不断地随时间变化累积;当偏差为零时,控制器输出停止变化并保持,因此可以实现无差控制。但积分控制为系统增加了一个位于原点的开环极点,使系统相位滞后 90°,动态品质变差,控制作用不及时,过渡过程变慢,可能导致系统由稳定变为不稳定。一般积分控制不单独使用,而与比例控制等方式配合使用。

3. 比例积分(PI)控制

比例积分控制算法由比例控制和积分控制两部分算法组合而成,可表示为

$$u(t) = K_c e(t) + S_I \int_0^t e(\tau)d\tau = K_c e(t) + \frac{K_c}{T_I}\int_0^t e(\tau)d\tau \tag{4.3.5}$$

式中:T_I 为积分时间,积分作用的大小由比例增益和积分时间共同决定。

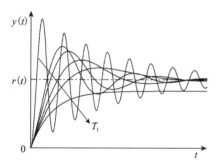

图 4.3.2 PI 控制器的阶跃响应曲线示意图

在比例增益 K_c 不变的情况下,通过增加 T_I 的值可以调节系统的稳态误差,比例积分控制器的单位阶跃响应曲线示意图如图 4.3.2 所示。图中箭头方向 T_I 值是增大的方向,此时积分速度 S_I 不断减小,积分作用在不断减弱。由图可知,增强积分作用可以减少系统的稳态误差,但积分作用过强会使得系统开始出现振荡。

比例积分控制结合了比例控制良好的动态性能和积分控制良好的稳态性能,能够应用于大多数控制系统中,主要有以下特点:

(1)输出是两部分的线性组合,当系统出现偏差时,比例环节迅速使系统的偏差逐渐减小并趋于稳定,积分环节有助于消除系统稳态误差。

(2)与比例控制器相比,比例积分控制器由于积分环节的存在,会使系统的相频特性存在 90°的相位滞后,造成系统的稳定性变差。为了保障系统稳定性,调整 T_I 后需要相应地改变 K_c 的值,用于稳定系统。

(3)当存在偏差时,控制器的积分作用会使得其输出不断增加,直到达到某个极限值,导致控制器进入饱和区域,失去控制作用,该过程称为积分饱和。在实际使用过程中,需要防范积分饱和现象的发生,通常采用限幅法、积分分离法等方式加以克服。

4. 微分(D)控制

微分控制器的输出 $u(t)$ 与输入偏差信号 $e(t)$ 的变化速率成正比关系,即

$$u(t) = S_D \frac{de(t)}{dt} \tag{4.3.6}$$

式中:S_D 为微分增益。

由于被控变量的变化速率可以反映一段时间内系统被控变量的变化趋势,因此,微分控制并不是等被控变量已经出现较大偏差之后才开始进行调节,而是根据系统被控变量的变化趋势进行提前作用,防止系统被控变量出现较大动态偏差。它能够抑制系统的最大超调量,使得系统的动态变化趋于平缓。

在实际使用中,当系统偏差变化缓慢时,微分控制难以察觉而不会产生控制作用;当系统偏差变化迅速时,微分控制器输出较大,可能使得系统振荡加速,稳定性变差;特别是存在较大噪声或给定值突变的情况下,偏差变化率很大,微分控制器输出变化剧烈,容易导致系统不稳定。微分控制一般不单独使用,而是与比例控制和积分控制结合使用,且作用一般不宜过大。

5.比例微分(PD)控制

比例微分控制算法由比例控制和微分控制两部分算法线性组合而成,可表示为

$$u(t) = K_c e(t) + S_D \frac{de(t)}{dt} = K_c e(t) + K_c T_D \frac{de(t)}{dt} \tag{4.3.7}$$

式中:T_D 被称为微分时间。

微分作用的强弱由比例增益和微分时间共同决定。在比例增益不变的情况下,通过增加 T_D 可以抑制系统的超调量,PD 控制器的单位阶跃响应曲线示意图如图 4.3.3 所示。图中箭头方向代表不断增加 T_D 的值,此时微分增益 S_D 不断增加,微分作用不断增强,系统的超调量得到有效抑制。

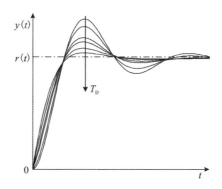

图 4.3.3　PD 控制器的阶跃响应曲线示意图

比例微分控制结合了比例控制的快速响应性和微分控制的超前抑制作用,在工业过程控制上有较多应用,主要有以下特点:

(1)比例微分控制也是有差控制,当系统处于稳定状态时,系统偏差不再变化,微分控制失去作用,PD 控制退化为 P 控制。

(2)微分控制作用方向与系统被控变量变化方向相反,在动态过程中能够防止被控变量发生剧烈变化,抑制系统超调量,提高系统响应速度。

(3)引入微分作用后,系统相位超前,有利于提高系统稳定性裕度。但微分作用的强弱要适当,如果微分作用太弱,相位超前作用不够明显,不能很好改善系统控制质量;如果微分作用太强,容易使得系统振荡。

(4)抗干扰能力比较差,适用于被控变量变化平稳的过程,时间常数较大的对象系统,对于含有大量噪声、被控变量变化剧烈、设定值频繁修改的系统不宜采用比例微分控制。

6.比例积分微分(PID)控制

比例积分微分控制算法由比例控制、积分控制与微分控制三部分线性组合而成,可表示为

$$u(t) = K_c e(t) + S_I \int_0^t e(\tau) d\tau + S_D \frac{de(t)}{dt} \tag{4.3.8}$$

或

$$u(t) = K_c e(t) + \frac{K_c}{T_I} \int_0^t e(\tau) d\tau + K_c T_D \frac{de(t)}{dt} \tag{4.3.9}$$

写成传递函数的形式为

$$U(s) = K_c \left(1 + \frac{1}{T_I s} + T_D s\right) \tag{4.3.10}$$

它综合了各控制器的优点,既具有比例控制器对于偏差的快速反应能力,又具有积分控制器的消除稳态误差功能,还具有微分控制器对于偏差的提前预测与调节功能,是一种比较理想的控制规律。

各种控制算法的选取原则参见表 4.3.1。

表 4.3.1 控制算法的选取原则

算法	优点	缺点	应用场景
P	灵敏,结构简单	存在静差	负荷变化不显著、指标要求不高的对象
PI	能够消除静差,控制灵敏	调节速度相对慢,系统动态性较差	通道容量滞后较小、负荷变化不大、指标要求较高的对象
PD	系统稳定性好,调节过程快,动态误差与静差较小	系统对高频噪声信号敏感	通道容量滞后较大、指标要求不高的对象
PID	综合各类控制算法的优点	参数整定相对较多	通道容量滞后较大、负荷变化较大、指标要求高的对象

4.3.2 PID 参数的工程整定方法

参数整定是 PID 控制器设计的核心内容之一,它是根据被控过程的特性和控制效果确定 PID 控制器的比例系数 K_c、积分时间 T_I、微分时间 T_D 三个参数,从而使系统能达到满意的控制品质。在实际应用中,工程整定法是最常用的 PID 参数整定方法。

工程整定方法主要依靠工程经验,通过过程控制系统实验,按照一定的计算规则,经过多次反复调整从而得到比较好的控制参数。常用的工程整定方法有临界比例度法、衰减曲线法和反应曲线法。

1.临界比例度法

临界比例度法(又称稳定边界法)是在系统闭环运行的情况下,用纯比例控制的方法得到系统输出临界振荡时的临界比例系数 K_k 和等幅振荡周期 T_k,如图 4.3.4 所示,然后通过经验公式得到 PID 参数。其具体步骤如下:

(1)先将控制器的积分作用切除或将积分时间 T_I 置于最大,微分作用切除或将微分时间 T_D 置零,比例系数 K_c 置为较小的数值,使系统投入闭环运行。

(2)待系统运行稳定后,对设定值施加一个阶跃变化,逐渐增大 K_c,直到系统出现如图 4.3.4 所示的等幅振荡,并重复多组实验。此时系统达到临界状态,记录当前比例系数和振荡频率,记为 K_k 和 T_k。

(3)按表 4.3.2 给出的经验公式计算出 K_c、T_I 和 T_D。

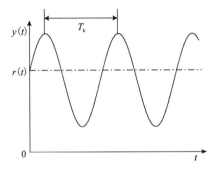

图 4.3.4 临界比例度法

表 4.3.2 采用临界比例度法的整定参数

调节规律	整定参数		
	K_c	T_I	T_D
P	$0.5K_k$		
PI	$0.45K_k$	$0.85T_k$	
PID	$0.59K_k$	$0.5T_k$	$0.125T_k$

临界比例度法应用时简单方便,但需要系统运行到临界振荡状态,不能应用到某些不允许振荡发生的过程控制系统中,如燃烧控制系统等。对于一些时间常数较大的系统,采用纯比例控制的方法也不能使系统出现等幅振荡,因而也不能采用该方法。此外,使用临界比例度法进行参数整定时,控制系统必须工作在线性区,否则得到的等幅振荡曲线可能是极限环,也不能依据此时的数据来计算参数。

2.衰减曲线法

衰减曲线法和临界比例度法的整定过程类似,不过不需要系统进入临界振荡状态,只需要系统响应曲线出现一定比例的衰减,其整定步骤如下:

(1)先将控制器的积分作用切除或将积分时间 T_I 置于最大,微分作用切除或将微分时间 T_D 置零,比例系数 K_c 置为较小的数值,使系统投入闭环运行。

(2)待系统运行稳定后,对设定值施加一个阶跃变化,逐渐增大 K_c,并重复多组实验,直到系统出现如图 4.3.5 所示的超调量衰减比为止,其中图 4.3.5(a)的衰减比为 4∶1,图 4.3.5(b)的衰减比为 10∶1,记录当前比例系数和衰减振荡周期,记为 K_s 和 T_s。

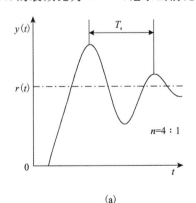
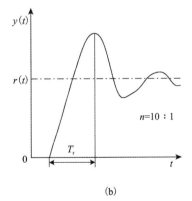

图 4.3.5 系统衰减振荡过程

(3)按表4.3.3所示给出的经验公式计算出 K_c、T_I 和 T_D。

表4.3.3 采用衰减曲线法的整定参数

衰减比 n	调节规律	整定参数		
		K_c	T_I	T_D
4∶1	P	K_s		
	PI	$0.83K_s$	$0.5T_s$	
	PID	$1.25K_s$	$0.3T_s$	$0.1T_s$
10∶1	P	K_s		
	PI	$0.83K_s$	$2T_r$	
	PID	$1.25K_s$	$1.2T_r$	$0.4T_r$

衰减曲线法适用于大部分的过程控制系统,但该方法最大缺点是较难确定4∶1(或10∶1)的衰减程度,从而难以得到准确比例系数和衰减振荡周期,因此尤其对于一些扰动比较频繁、过程变化较快的控制系统,不宜采用此法。

3.反应曲线法

反应曲线法是根据广义对象的开环阶跃响应曲线,通过经验公式来对控制器参数进行整定的一种方法。其开环响应曲线是指操作变量做阶跃变化时,被控变量随时间的变化曲线,整定步骤如下:

(1)系统开环稳定状态下,给系统一个阶跃信号,得到系统阶跃响应曲线。

(2)对于有自衡能力的广义过程,阶跃响应可用传递函数近似表示为

$$G_0(s) = \frac{K_0}{1+T_0 s}e^{-\tau s} \tag{4.3.9}$$

假设该广义对象是单位阶跃响应,则式(4.3.9)中 K_0、T_0 和 τ 各参数可由广义过程的单位阶跃响应曲线得到,如图4.3.6所示。

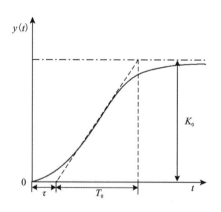

图4.3.6 广义过程的单位阶跃响应曲线

(3)得到传递函数各参数后,按表4.3.4所示的经验公式计算得到满足4∶1衰减振荡

的 K_c、T_I 和 T_D。

表 4.3.4　反应曲线法控制器参数计算表（$n = 4:1$）

调节规律	K_c	T_I	T_D
P	$\dfrac{T_0}{K_0\tau}$		
PI	$\dfrac{T_0}{1.1K_0\tau}$	3.3τ	
PID	$\dfrac{T_0}{0.85K_0\tau}$	2τ	0.5τ

上面介绍的三种工程整定方法都是通过重复试验，按照工程经验公式对控制器参数进行整定的，但是它们又各有其特点。反应曲线法通过系统开环实验得到被控过程的典型数学表示之后，再对 PID 参数进行整定。这种方法比较简单，但是由于系统处于开环状态，被控变量变化比较大，不利于实际的生产过程，在工程实践中较难应用。

临界比例度法和衰减曲线法都是闭环试验整定方法，它们都依赖系统在某种运行状况下的实验信息对 PID 参数进行整定，不需要掌握被控过程精确的数学模型，并且闭环实验对外界干扰的抑制能力比较强。但是临界比例度法会使得被控过程出现等幅振荡，应用场合受到限制；衰减曲线法在做衰减比较大的实验时观测数据很难准确确定，需要进行反复实验，并且这种方法对于过程变化较快的系统也不宜适用。

除了以上三种通过经验公式进行 PID 参数整定的方法以外，工程上还经常在系统闭环运行时，通过观察 PID 控制的效果，根据经验来调整 K_c、T_I 和 T_D。调整 PID 参数的经验可以简单总结为在调节 PID 参数时遵循调比例系数→调积分时间→调微分时间的调节顺序；对于曲线存在调节时间长、收敛速度慢的情况，考虑增大比例作用，加速收敛；对于曲线存在稳态误差的情况，考虑增强积分作用，消除稳态误差；对于曲线振荡频率快的情况，考虑增强微分作用，抑制系统超调。

4.3.3　PID 参数的自整定方法

在实际工业过程控制系统中，大多数生产过程都是非线性的，被控对象结构与参数也会发生变化。控制器参数与系统所处的工作条件和状态均有关，不同工作环境下控制器参数的最优值也不同，甚至取值差距较大。而根据工程整定方法得到的参数值不能随着对象特性的变化而自行调整，因此随着系统的运行，控制品质可能恶化。

PID 参数的自整定方法就是当被控过程特性发生变化时或控制性能不满足要求时，对控制器的参数进行自适应调整，从而使得被控对象仍能够达到期望水平。常用的整定思路为利用控制器输出 u 和被控变量 y 的测量值，对被控过程的输入输出特性进行辨识；然后根据辨识模型，按照参数整定原则计算控制器的最佳参数，并对控制器的参数进行校正调整。PID 参数的自整定方法有很多，这里仅介绍极限环自整定法和自校正 PID 自整定法。

1. 极限环自整定法

临界比例度法采用纯比例控制的方法使得系统处于临界振荡的条件下,并通过经验公式得到 PID 控制器参数,但是对于具有显著扰动的大时间常数的系统,难以使系统出现等幅振荡。极限环自整定法的设计思路是通过引入非线性继电器环节来替代比例控制器,使得系统出现极限环,从而能够自动稳定在等幅振荡状态。极限环自整定法的示意图如图 4.3.7 所示。

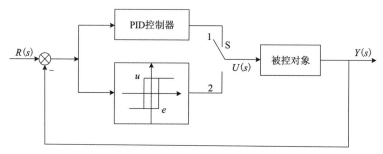

图 4.3.7 极限环自整定法示意图

其参数整定的具体步骤为:

(1) 开关 S 置于位置 1,通过人工使系统进入稳定状态。

(2) 开关 S 置于位置 2,在整定模式下,系统接入具有继电特性的非线性环节,产生自激等幅振荡,获得极限环。

(3) 测出极限环的幅值 a 和临界振荡周期 T_k,计算出临界比例度 K_k,其计算公式为

$$K_k = \frac{4d}{\pi a} \tag{4.3.10}$$

式中: d 为继电器的幅值。

(4) 根据记录的 δ_k 和 T_k,按照表 4.3.2 临界比例度法计算公式得到控制器参数 K_c, T_I 和 T_D。

(5) 将开关 S 置于位置 1,并引入整定好的 PID 参数,并在运行过程中适当调整,满足控制要求为止。

2. 自校正 PID 参数整定法

自校正 PID 参数整定法是利用控制器的输出 u 和被控变量 y 的测量值作为自校正参数调节器的输入,对 PID 控制器的参数进行校正。当对象特性发生变化时,控制器的输出 u 不再是最佳值,被控变量 y 会偏离期望结果,此时自校正参数调节器能够依据设计的整定规则求出控制器参数最优值,并对 PID 参数进行更新,达到理想的控制效果。

自校正 PID 参数整定法示意图如图 4.3.8 所示,图中的自校正参数调节器有时还将系统误差及其误差变化率也作为输入,其算法形式可以多种多样,如基于模式识别法的调节器、基于模糊规则的调节器和基于神经网络的调节器等,在实际应用中可以进行灵活选取与设计。

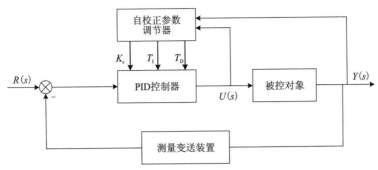

图 4.3.8 自校正 PID 参数整定法示意图

4.3.4 常见的 PID 控制算法形式

在实际工业应用中,需要根据工艺要求和控制对象的特点,对 PID 算法进行改进或者变形,克服 PID 的一些不足,以获得满意的控制效果,主要包括以下几种形式。

1. 离散形式的 PID 算法

现代工业生产过程中的控制器都采用数字计算机实现,需要对连续式 PID 进行离散化,设 $u(k)$ 为第 k 次采样时刻控制器的输出值,可得离散形式 PID 算式(数字式 PID)为

$$u(k) = K_P e(k) + K_I \sum_{i=1}^{k} e(i) + K_D [e(k) - e(k-1)] \tag{4.3.11}$$

式中:$K_I = \dfrac{K_P T}{T_I}$ 为积分系数;$K_D = \dfrac{K_P T_D}{T}$ 为微分系数;T 为采样时间。

式(4.3.11)是一种位置式的数字 PID,它根据当前系统的实际位置与预期位置的偏差进行控制。从公式可以看出,比例部分只和当前的偏差有关,积分部分则是表示系统之前的所有偏差之和,因此这种位置式 PID 控制算法优点在于其控制器结构比较清晰,参数整定也较为明确。然而也存在以下缺点:

(1) 积分饱和后实际输出不变,但积分项的计算仍然继续累积误差,一旦误差开始反向变化,系统需要一定时间才能从饱和区退出。

(2) 输出与当前偏差值直接相关,一旦偏差出现问题(例如检测错误、设定值突变、系统状态切换等),$u(k)$ 会大幅变化从而引起系统振荡,对实际现场安全造成不利影响。

2. 增量式数字 PID 算法

增量式数字 PID 输出的是上次执行机构位置的增量,而不是实际位置,它通过计算相邻两次采样时刻的位置式 PID 输出之差得到增量,即计算在上一次控制量的基础上需要增加或减少的值,具体计算公式为

$$\Delta u(k) = u(k) - u(k-1) = K_P \Delta e(k) + K_I e(k) + K_D [\Delta e(k) - \Delta e(k-1)] \tag{4.3.12}$$

式中:$\Delta e(k) = e(k) - e(k-1)$。

进一步可以改写成

$$\Delta u(k) = A e(k) - B e(k-1) + C e(k-2) \tag{4.3.13}$$

式中：$A = K_P\left(1+\dfrac{T}{T_I}+\dfrac{T_D}{T}\right)$；$B = K_P\left(1+\dfrac{2T_D}{T}\right)$；$C = \dfrac{K_P T_D}{T}$。

根据公式(4.3.13)，控制增量 $\Delta u(k)$ 的确定仅与最近三次的采样值有关，通过加权处理可获得比较好的控制效果。另外，由于该算法只输出增加量，在系统发生问题时，输出变化不会很剧烈，不会严重影响系统工作。

3.不完全微分的 PID 算法

PID 控制中的微分算法可改善系统的动态特性，但在出现扰动、设定值改变、系统状态切换等情况下，偏差发生频繁波动或突变，从而导致微分算法输出值频繁波动或输出值极大。克服上述缺点的方法之一是在 PID 算法中加入一个一阶惯性环节(低通滤波器)$G_f(s)$，即

$$G_f(s) = 1/(1+T_f s)$$

式中：T_f 为滤波器时间系数。

这种方法称为不完全微分 PID 算法，其结构一般有两种形式，如图 4.3.9 所示。图 4.3.9(a)的结构中将一阶惯性环节与微分环节串联在一起；图 4.3.9(b)的结构中将一阶惯性环节与整个 PID 串联在一起。

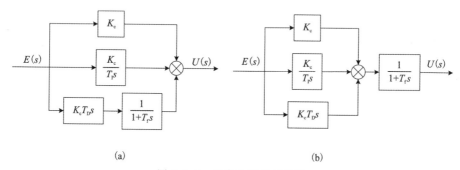

图 4.3.9 不完全微分结构图

以图 4.3.9(a)所示的不完全微分结构为例分析，其传递函数为

$$U(s) = \left(K_c + \dfrac{K_c}{T_I s} + \dfrac{K_c T_D s}{1+T_f s}\right)E(s) \tag{4.3.14}$$

其中微分项为

$$U_D(s) = \left(\dfrac{K_c T_D s}{1+T_f s}\right)E(s) \tag{4.3.15}$$

取采样时间为 T，将式(4.3.15)离散化可得

$$U_D(k) = \dfrac{K_P T_D}{T}(1-\alpha)[e(k)-e(k-1)] + \alpha U_D(k-1) \tag{4.3.16}$$

式中：$\alpha = \dfrac{T_f}{T_f + T}$。

通过改变 T_f 的大小可以调整微分作用时间的长短，如增大 T_f 可以增长微分作用持续时间，增强系统对高频干扰的抑制作用。

4.微分先行的 PID 算法

为避免微分作用过强而导致设定值改变时系统振荡的方法还有微分先行 PID 算法，其

控制结构如图 4.3.10 所示,其特点是对偏差作比例积分作用,对输出作微分作用。该算法适用于给定值频繁变化的场合,可以避免给定值升降引起的系统振荡,从而提高了系统的动态特性。

微分部分的传递函数为

$$\frac{U_D(s)}{Y(s)} = \frac{1+T_D s}{1+\gamma T_D s} \tag{4.3.17}$$

式中：$\frac{1}{1+\gamma T_D s}$ 相当于低通滤波器,$\gamma < 1$。

可以推导出

$$U_D(k) = \left(\frac{\gamma T_D}{\gamma T_D + T}\right) U_D(k-1) + \left(\frac{T_D + T}{\gamma T_D + T}\right) y(k) + \left(\frac{T_D}{\gamma T_D + T}\right) y(k-1)$$
$$\tag{4.3.18}$$

由公式可知,微分部分只与连续的几个测量值有关,而与设定值无关,设定值的阶跃变化不会引起微分算法的突变。

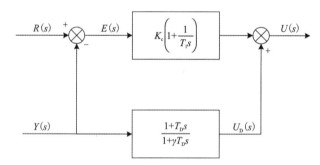

图 4.3.10　微分先行 PID 控制结构图

5. 积分分离 PID 算法

标准 PID 算法中的积分环节能够消除稳态误差,提高控制精度,但在过程启动、大幅度增减设定、状态突变等情况下,短时间内系统输出有很大的偏差,会造成 PID 运算的积分积累,使系统输出过大,甚至导致控制量超过执行机构可能允许的最大动作范围,使系统失去调节能力,称为积分饱和现象。

为了解决积分饱和现象,常常采用积分分离的方式。所谓积分分离是当偏差较大时,取消积分作用,以避免由于积分作用过大,系统稳定性降低和进入积分饱和状态;当偏差较小时,引入积分控制,以便消除静差,提高控制精度。积分分离 PID 控制算法可以表示为

$$u(k) = K_P e(k) + \beta K_I \sum_{i=1}^{k} e(i) + K_D [e(k) - e(k-1)] \tag{4.3.19}$$

$$\beta = \begin{cases} 1, & |e(k)| \leqslant \varepsilon \\ 0, & |e(k)| > \varepsilon \end{cases} \tag{4.3.20}$$

式中：β 为积分项的开关系数;ε 是切换阈值。

6. 变速积分 PID 算法

变速积分 PID 算法的基本思想是设法改变积分项的累加速度,通过设计积分项的系数

函数 $f[e(k)]$,使积分环节的大小与偏差的大小相适应,即偏差越大,积分越慢;偏差越小,积分越快。式(4.3.21)是一种典型的变速积分控制器的表达式。

$$U_{\mathrm{I}}(k) = U_{\mathrm{I}}(k-1) + K_{\mathrm{I}} f[e(k)] e(k) \tag{4.3.21}$$

$f[e(k)]$ 与当前偏差 $e(k)$ 关系可表示为

$$f[e(k)] = \begin{cases} 1, |e(k)| \leqslant B \\ \dfrac{A - |e(k)| + B}{A}, B < |e(k)| \leqslant A + B \\ 0, |e(k)| > A + B \end{cases} \tag{4.3.22}$$

其中,A、B 为设定区间,$f[e(k)]$ 值在 $[0,1]$ 区间。当偏差 $e(k)$ 大于区间 $A+B$,$f[e(k)] = 0$,不再对当前值 $e(k)$ 进行累加;当 $B < |e(k)| \leqslant A + B$ 时,$f[e(k)]$ 为偏差的线性化函数,即对偏差信号的一部分进行积分,积分速度根据偏差大小进行自动调整;当偏差 $|e(k)| \leqslant B$ 时,$f[e(k)] = 1$,偏差全部记入积分器,积分速度达到最大值,可以最大程度上消除稳态误差。

7.带死区的 PID 算法

在计算机控制系统中,某些系统为了避免控制作用过于频繁,消除由频繁动作所引起的振荡和对执行器的磨损,采用带死区的 PID 控制算法,它的思想是当系统偏差较小(偏差的绝对值小于某个值)时,认为系统已满足控制性能要求,把偏差当作零进行处理;当系统偏差较大时,通过比例积分微分计算,进行 PID 控制,其表达式为

$$u(k) = K_{\mathrm{P}} e'(k) + K_{\mathrm{I}} \Big[\sum_{i=1}^{k-1} e'(i) + e'(k) \Big] + K_{\mathrm{D}} [e'(k) - e'(k-1)] \tag{4.3.23}$$

$$e'(k) = \begin{cases} 0, & |e(k)| \leqslant |e_0| \\ e(k), & |e(k)| > |e_0| \end{cases} \tag{4.3.24}$$

式中:$e'(k)$ 为调整后的偏差,e_0 是切换阈值。

阈值的具体数值可根据实际控制对象由实验确定,若取值太小,会使输出过于频繁,达不到稳定被控对象的目的;若取值太大,则系统将产生较大偏差,也会使控制作用有滞后。系统控制框图如图 4.3.11 所示。

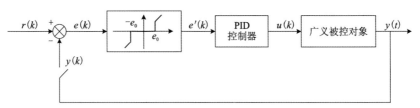

图 4.3.11 带死区的 PID 算法控制框图

4.4 工程应用案例

在工业过程控制中,单回路控制是工业中常见的过程控制结构,广泛运用于工业现场。本节以炼钢生产过程中的薄板坯连铸机结晶液位控制系统为应用案例,讲解单回路控制系

统设计方法。

1. 连铸机结晶液位控制过程工艺分析及变量选取

薄板坯连铸技术是当今最主流的钢板坯的生产方式,也称为紧凑式热带生产技术(compact strip production, CSP)。它将装有精炼好钢水的钢包运至回转台上方,并将钢水注入中间包;中间包再由下方的水口将钢水注入结晶器中;液体钢水在结晶器外冷却水的作用下,迅速从外向内凝固结晶形成铸件;拉矫装置与结晶振动装置共同作用将结晶器内带液芯的铸件拉出,经冷却、电磁搅拌后,切割成一定长度的铸坯。薄板坯连铸生产工艺过程如图4.4.1所示。不同类型的钢坯对应的钢水成分、结晶速度、拉矫装置拉速等均不尽相同。

结晶器液位控制是连铸生产过程重要的控制对象,液位过高,高温钢水会从回转台表面溢出外流,造成人员伤亡和设备损毁;液位过低,会造成拉矫装置将板坯拉断,高温钢水从结晶器底部漏出,造成重大事故。此外液位波动过大,铸坯皮下夹渣(影响产品质量的重要指标)程度大幅增大,铸坯表面纵裂的发生率将会大幅上升。因此结晶器液位控制是影响产品质量和生产安全的重要因素。液位是本系统的控制变量。一般来说,铸机处在正常稳定的控制状态时,液面控制精度误差小于10mm,液位设定值范围为60~120mm。

生产中影响连铸机结晶器液位的因素包括流入结晶器的钢水流量和拉坯速度,它们均改变结晶器的钢水流量平衡。拉坯速度虽然可以调节液位,但它既影响产品质量又涉及产品生产负荷,不适宜作为操作变量;而结晶器钢水的流入量是可控的,对液位影响最大,构成的控制通道的时间常数和纯滞后时间较小,工艺上和经济上均较为合理,因此通常采用流入结晶器的钢水流量作为操作变量。

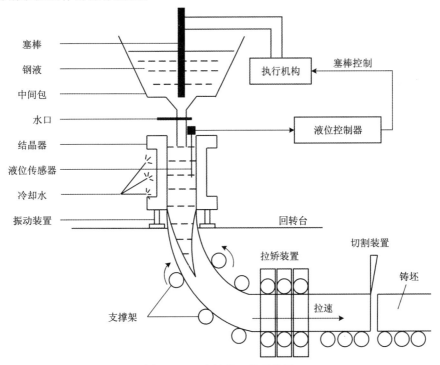

图4.4.1 连铸的工艺系统图

目前采用较多的调整钢水流入量的方式主要有两种,一种是控制滑动水口的开度,另一种是调节塞棒和浸入式水口之间的间隙。本节案例采用调节塞棒高度来改变流量实现液位稳定。由于通过调整结晶器注入钢水的流量来调整液位,因此被控过程是正作用方向。

2. 检测变送装置选取

液位检测装置是液位控制系统中的测量回路,其检测精度的高低直接影响控制系统的稳态控制精度。在连铸过程中,运输至结晶器的钢水温度可高达 1500℃,接触式液位检测装置不适宜,因此常采用非接触形式的射线型液位检测设备来检测结晶器钢水液位。射线型液位检测设备根据不同物料对同位素射线吸收程度不同的原理,通过将 γ 射线穿透钢水后的剩余量转换为电量从而测出钢水液位高度。将该射线型液位检测设备安装在结晶器上方,液位越高,测量值越小,因此该检测变送装置为反作用方向。

此外,液位检测系统在检测与转换过程中,受瞬间干扰因素对测量值的影响以及射线测量本身具有的非线性,导致测量结果会产生一定的波动。因此,通常需要对测量结果进行滤波或平均化等预处理,最后将处理结果作为实际测量值输送至控制器。

3. 执行器结构形式及正反特性分析

塞棒作为调节结构通过上下移动改变塞棒和水口之间的间隙,从而调节流入结晶器钢水流量。塞棒的运动控制要求动作灵敏、精度高、信号传输快,且防爆要求不高,因此为了高精度快速驱动塞棒运动,选用伺服电机和数字电动缸作为执行机构。数字电动缸具有低惯性、有过载保护等特点,其位移控制精度达 0.1mm 以下。

自动状态下,控制器依据控制规律输出控制指令给伺服电机,伺服电机驱动精密丝杠实现数字电动缸上下运动,从而带动与数字电动缸固定在一起的塞棒上下移动。为了在断电的时候保证安全,应使塞棒运行在最下端关闭水口,将钢水停留在中间包内。设置控制器输出增加(控制量加大)时,伺服电机带动塞棒向上移动,从而操纵量(水口中流过的钢水流量)也将增大,因此执行机构表现出正作用特性。

4. 结晶器液位过程建模及特性分析

为了实现结晶器钢水液位有效控制,需要建立结晶器钢水液位控制模型,分析被控对象特性。根据工艺分析和第 3 章介绍的机理建模方法,得到结晶器液位满足

$$\frac{dV}{dt} = Q_{in} - Q_{out} \tag{4.4.1}$$

式中:V 为结晶器中的钢水体积;Q_{in} 为流入结晶器的钢水流量;Q_{out} 为流出结晶器的钢水流量。

结晶器中钢水体积 $V = M(y) \times y$,其中 $M(y) = \int_0^y A(x)dx$,$A(x)$ 为液位为 x 时结晶器的横截面积,所以式(4.4.1)可以化为

$$\frac{dy}{dt} = \frac{1}{M(y)}(Q_{in} - Q_{out}) \tag{4.4.2}$$

Q_{out} 可由出口钢坯的拉速 V_r 和出口钢坯的截面积 S 得到,即

$$Q_{out} = V_r \times S \tag{4.4.3}$$

Q_{in} 可由中间包液位高度 h、入口钢水的流速 $V_{in}(h)$、塞棒的高度 u 和水口环面积 $g(u)$ 得到

$$Q_{in} = V_{in}(h) \times g(u) \tag{4.4.4}$$

由式(4.4.1)～式(4.4.4)可得钢水液位系统的输入输出模型,即

$$\frac{dy}{dt} = \frac{1}{M(y)}[V_{in}(h) \times g(u) - V_r \times S] \tag{4.4.5}$$

该模型的输入是塞棒高度,输出是钢水液位。一般情况下式中 S 不变,如果结晶器横截面积恒定或变化较小、钢坯拉速变化不大、水口换面积与塞棒高度近似正比、中间包截面积做足够大使得高度变化不大,公式(4.4.5)可以简化为一个一阶惯性模型,具体参数可以采用参数辨识的方法获得。在工程设计时要考虑这几个因素对控制系统性能的影响,一方面可以通过工艺机械结构设计使其满足要求,另一方面可以通过闭环反馈在一定程度上消除影响。

5.结晶器液位控制结构设计与控制器选择

结晶器液位控制的目标是通过调整塞棒位置控制液位高度保持在给定值附近。因此为了满足控制要求,构造一个单回路的负反馈控制系统,结构框图如图 4.4.2 所示。

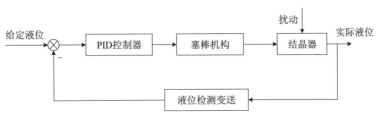

图 4.4.2 CSP 液位系统控制结构框图

由前面分析可知被控对象是正作用方向,检测变送装置是反作用方向,塞棒执行机构为正作用方向,因此为了构成负反馈系统,控制器应为正作用方向。即液位测量值增大时(实际液位降低),控制器输出增大,执行机构推动塞棒上升,加大水口流量,从而结晶槽液位上升,达到负反馈实现液位稳定的作用。

由于结晶器液位控制既要求控制相应速度快,又要求控制精度高没有稳态误差,还要求系统振荡较小,而且一般情况下中间包体积较大,钢水流动和液位控制过程具有较大的惯性,因此控制器应选择 PID 控制规律。该系统的 PID 参数整定可以在调试阶段采用衰减振荡法或经验法进行。

近些年,自整定 PID 控制、自适应控制、模糊控制、自学习控制等先进控制结构和算法也被应用在一些高精度连铸过程的液位控制中,在解决结晶器横截面积不恒定、钢坯拉速变化频繁、塞棒结垢脱落、中间包液位变化大等因素导致的液位波动问题方面,取得了很好的应用效果。

课后习题

1. 什么是单回路控制系统？它由哪些部分组成？试着对工业现场中的单回路控制系统进行举例。

2. 如何设计一个单回路控制系统？它需要考虑哪些因素？

3. 被控变量、操作变量和扰动量的关系是怎样的？如何选取被控变量和操作变量？

4. PID 控制器中 P、I、D 各控制算法对系统的影响是怎样的？是不是在所有情况下采用 PID 控制器而不是 PI 或者 PD 控制器效果会更好？为什么？

5. 什么是积分饱和现象？如何优化 PID 控制器使得其克服积分饱和现象？

6. PID 参数调节有哪些方法？在进行 PID 参数调节时应该遵循什么样的调节步骤？

7. 已知单回路控制系统框图如下所示，输入为阶跃响应，$G(s) = \dfrac{3}{s^2 + 3s + 1}$，试设计合理的 PID 控制器 $G_c(s)$，使得系统的超调量小于 8%，响应时间小于 1s。

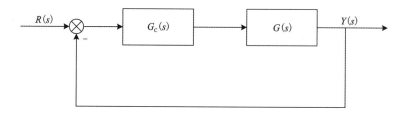

8. 已知对象的等幅振荡曲线如下图所示，试采用临界比例度法对 PID 控制器的参数进行整定，其中 $K_k = 20, T_k = 0.5$，并写出控制器的传递函数形式。

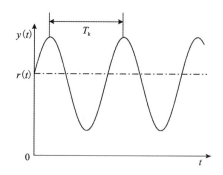

9. 在某一蒸汽加热器的控制系统中，用响应曲线法进行参数调整。当电动单元组合控制器的输出从 6mA 改变到 7mA 时，温度记录仪的指针从 85℃ 升到 87.8℃，从原来的稳定状态达到新的稳定状态。仪表的刻度为 50～100℃，并测出 $K_0 = 0.8, \tau = 1.2\text{min}, T_0 = 2.5\text{min}$，试设计合适的控制器并求取参数（反应曲线法控制器参数计算表见表 4.3.4）。

10. 下图为锅炉的压力和液位控制系统的示意图，试分别确定两个控制系统中调节阀的气开、气关型式及调节阀的正反作用。

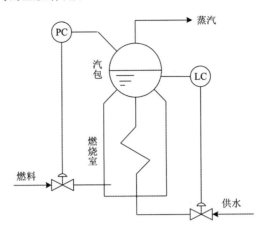

11. 某热交换器如下图所示,用蒸汽将进入其中的冷水加热到一定的温度,生产工艺要求热水温度保持定值($t\pm1$℃),试设计一个单回路控制系统,并说明该控制系统的基本工作原理,系统的被控变量、控制量和主要扰动量是什么以及选用的控制算法。

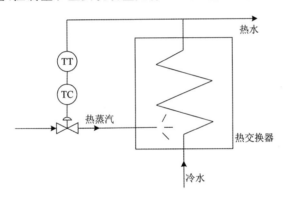

第 5 章 复杂控制系统

单回路控制系统适用于被控过程的纯时延和惯性小、负荷和扰动变化比较平缓,或者对系统被控质量要求较低的场合。但是它难以满足滞后较大、负荷和扰动变化较明显,或控制精度要求较高的过程对象控制的要求。针对这类过程,通常会在简单控制系统的基础上,增加计算环节、控制环节或其他环节,构成各种复杂控制系统。复杂控制系统一般是由两个以上的检测变送器、控制器或执行器所组成的多回路系统,又称为多回路控制系统。

5.1 串级控制系统

工业生产过程中常用到的管式加热炉控制系统如图 5.1.1 所示,图中 T_1 为出口温度,K 为燃料油管调节阀门,T_1T 为出口温度检测变送器,T_1C 为出口温度控制器。生产过程中,燃料油通过阀门进入炉膛,经过蒸汽雾化后在炉膛内燃烧,实现对炉内物料的加热操作。系统的控制任务是加热炉出口物料温度 T_1 准确跟踪设定值。该系统控制对象是加热炉出口温度 T_1,操作变量是燃料油阀门开度,扰动因素包括原料浓度变化、燃料油温度与流量变化等。

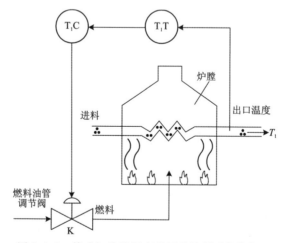

图 5.1.1 管式加热炉温度单回路控制系统结构图

按照第 4 章的内容设计加热炉温度单回路控制系统,根据加热炉出口温度 T_1 的偏差,通过阀门调整燃料油量达到系统控制目标。为保持加热炉出口温度 T_1 稳定,当燃料油流量或热值突然增大等情况出现时,炉膛内温度升高,进而管道内温度升高,最终影响物料反应进程与出口温度。该扰动抑制过程包含炉膛与管道、管道与出口物料等多个换热环节,控制通道的时间常数和容量滞后较大,系统控制过程较慢,难以及时快速地控制出口温度。图 5.1.2 为管式加热炉温度单回路控制系统结构示意图。

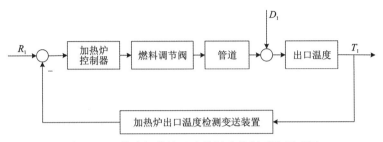

图 5.1.2 管式加热炉温度单回路控制系统原理图

由上述分析可知,当扰动出现后,单回路控制系统对该扰动的反应速率较慢、调节时间较长,影响系统性能。

5.1.1 串级控制系统的基本原理与结构

针对前述加热炉中单回路控制系统对燃料油流量或热值等突然增大带来的扰动问题,如果能先将炉膛内温度 T_2 控制稳定,则可以减少扰动对物料出口温度 T_1 的影响。因此在图 5.1.1 所示单回路控制系统中增加一个炉膛温度的闭环控制回路,如图 5.1.3 所示。图中 T_1 为出口温度,T_2 为炉膛温度,K 为燃料油管调节阀门,T_1T 为出口温度检测变送器,T_1C 为出口温度控制器,T_2T 为炉膛温度检测变送器,T_2C 为炉膛温度控制器,这样改进后可提高系统控制精度与反应速度。

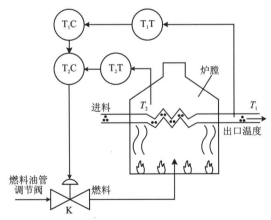

图 5.1.3 管式加热炉温度串级控制系统结构图

由前文所述可得图 5.1.4 所示的管式加热炉控制系统原理图。该系统以出口温度 T_1 与炉膛温度 T_2 为两个控制对象,构成两个串连在一起的控制系统。出口温度 T_1 为主被控量,炉膛温度 T_2 为副被控量;出口温度 T_1 的控制输出作为炉膛温度 T_2 的控制设定值,干扰

D_2 由副控制器克服,干扰 D_1 由主控制器克服。这样的系统称为串级控制系统。

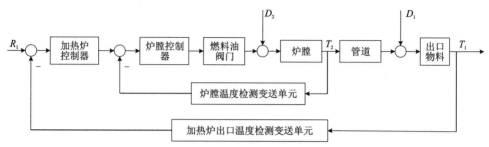

图 5.1.4 管式加热炉温度串级控制系统原理图

由图 5.1.4 可知,其结构特点在于"串",它把两个或两个以上的单回路控制系统以一定的结构形式串联在一起。这样的控制结构称为串级控制系统,一般工业过程中的串级控制系统原理方框图如图 5.1.5 所示。

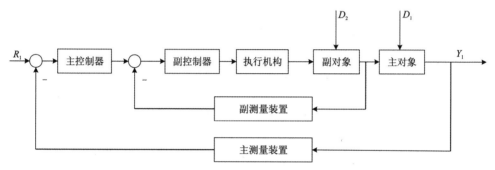

图 5.1.5 一般串级控制系统原理方框图

下面对串级控制系统原理图中各部分含义进行阐述:

(1)主、副回路:一般串级控制系统由两个回路组成,在外层的闭合回路称为主回路,内层的闭合回路称为副回路。

(2)主、副控制器:在主回路中的控制器称为主控制器,在副回路中的控制器称为副控制器。

(3)主、副被控变量:主回路的被控变量称为主被控变量,即工艺控制指标;副回路的被控变量称为副被控变量,是为了稳定主变量而引入的辅助变量。

(4)主、副对象:主回路所包括的被控对象称为主对象,副回路包括的被控对象称为副对象。

(5)主、副检测变送器:主回路中,主检测变送器负责检测和变送主变量;副回路中,副检测变送器负责检测和变送副变量。

(6)一、二次干扰:进入主回路的干扰称为一次干扰(即图 5.1.5 中 D_1),进入副回路的干扰称为二次干扰(即图 5.1.5 中 D_2)。

在串级控制系统中,主控制器的输出改变副控制器的设定值,当设定值发生变化时,主控制器的输出值发生改变,副控制器及时跟踪并控制副参数。主回路一般为定值控制,负责系统整体性能的精确控制;副回路为随动系统,及时克服二次扰动,还存在的余差则由主回路完成补偿。在主、副回路的共同作用下,系统的控制品质相比较单回路系统得到进一步提高。

5.1.2 串级控制系统的优势与特点

将图 5.1.5 改画为一般形式,如图 5.1.6 所示。

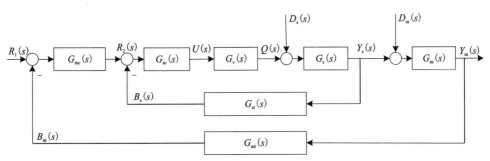

图 5.1.6 串级控制系统原理图

相较于一般单回路控制系统,串级控制系统主要有以下三个特点。

1. 快速及时地克服副回路中干扰

串级控制系统相较于单回路控制系统多了一个副回路,它能迅速克服进入副回路的干扰。一般情况下,主、副控制器的总放大系数比单回路系统的放大系数大,串级控制系统比单回路系统克服干扰的能力强,控制精度高。

从图 5.1.6 可知,以干扰作为输入,副回路传递函数为

$$G'_s(s) = \frac{Y_s(s)}{D_s(s)} = \frac{G_s(s)}{1 + G_{sc}(s)G_v(s)G_s(s)G_{st}(s)} \tag{5.1.1}$$

为了便于分析,将一般框图等效为如图 5.1.7 所示的串级控制系统原理图。

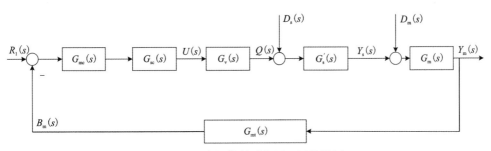

图 5.1.7 串级控制系统原理图等效图

由图可得

$$\frac{Y_m(s)}{R_1(s)} = \frac{G_{mc}(s)G_{sc}(s)G_v(s)G'_s(s)G_m(s)}{1 + G_{mc}(s)G_{sc}(s)G_v(s)G'_s(s)G_m(s)G_{mt}(s)} \tag{5.1.2}$$

在干扰 D_2 的作用下,得到系统输出对干扰输入的传递函数为

$$\frac{Y_m(s)}{D_s(s)} = \frac{G'_s(s)G_m(s)}{1 + G_{mc}(s)G_{sc}(s)G_v(s)G'_s(s)G_m(s)G_{mt}(s)} \tag{5.1.3}$$

一般来说,$Y_m(s)/R_1(s)$ 越接近于 1,则系统的控制性能越好;$Y_m(s)/D_2(s)$ 越接近于

"0",则系统的抗干扰能力越强。在工程上通常将二者的比值作为衡量系统控制性能和抗干扰能力的综合指标,该值越大,则系统控制性能和抗干扰能力越强,表达式为

$$\frac{Y_m(s)/R_1(s)}{Y_m(s)/D_s(s)} = G_{mc}(s)G_{sc}(s)G_v(s) \tag{5.1.4}$$

假设 $G_{mc}(s) = K_{mc}$,$G_{sc}(s) = K_{sc}$,$G_v(s) = K_v$,则

$$\frac{Y_m(s)/R_1(s)}{Y_m(s)/D_s(s)} = K_{mc}K_{sc}K_v \tag{5.1.5}$$

可得主、副控制器的比例增益乘积越大,对干扰 D_2 的抗干扰能力越强,控制品质越好。即因为有串级控制系统的副回路存在,进入副回路的干扰能迅速被克服。

为了便于比较,给出上述过程的单回路控制系统,如图 5.1.8 所示。

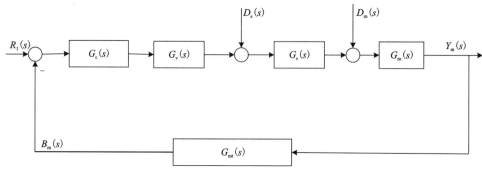

图 5.1.8 单回路控制系统

在给定信号 $R_1(s)$ 的作用下,可以得到单回路控制系统的控制性能和抗干扰能力的综合指标为

$$\frac{Y_m(s)/R_1(s)}{Y_m(s)/D_s(s)} = G_c(s)G_v(s) \tag{5.1.6}$$

假设 $G_c(s) = K_c$,$G_v(s) = K_v$,则单回路综合指标为

$$\frac{Y_m(s)/R_1(s)}{Y_m(s)/D_s(s)} = K_cK_v \tag{5.1.7}$$

比较式(5.1.7)与式(5.1.5),一般来说,$K_{mc}K_{sc} > K_c$。

2. 提升系统工作频率,优化工业过程动态特性

与单回路控制系统相比,串级控制系统增加了副回路,改变了原来的对象特性,使副回路中等效时间常数减小,提高副回路的工作频率,缩短操作周期,进而减少整个系统的过渡时间。即使干扰作用于主回路,串级控制系统的工作频率仍然高于单回路控制系统,控制质量得到提高。

首先将图 5.1.9 中虚线框所示的副回路看成一个等效过程,其传递函数为

$$G_s''(s) = \frac{Y_s(s)}{R_2(s)} = \frac{G_{sc}(s)G_v(s)G_s(s)}{1+G_{sc}(s)G_v(s)G_s(s)G_{st}(s)} \tag{5.1.8}$$

(1)假设副回路中各环节的传递函数为

$$G_s(s) = \frac{K_s}{T_s s+1}, G_{sc}(s) = K_{sc}, G_v(s) = K_v, G_{st}(s) = K_{st}$$

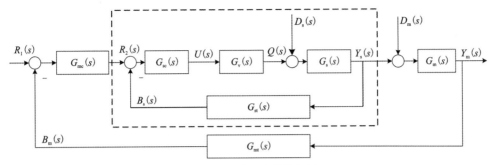

图 5.1.9 副回路等效框图

$$G''_s(s) = \frac{K_{sc}K_v(s)K_s(s)/(T_s s+1)}{1+K_{sc}(s)K_v(s)K_s(s)K_{st}(s)/(T_s s+1)} = \frac{K''_s}{T''_s s+1} \tag{5.1.9}$$

式中：K''_s、T''_s 为等效过程的放大系数和时间常数。

$$K''_s(s) = \frac{K_{sc}K_v K_s}{1+K_{sc}K_v K_s K_{st}},\quad T''_s(s) = \frac{T_s}{1+K_{sc}K_v K_s K_{st}}$$

比较 T_s 和 T''_s，由 $1+K_{sc}K_v K_s K_{st} \geqslant 1$，推出

$$T''_s \leqslant T_s$$

即可得出结论：由于副回路的存在，控制通道的动态特性得到了改善，等效过程的时间常数缩小了 $(1+K_{sc}K_v K_s K_{st})$ 倍。

(2) 串级系统的工作频率。对串级系统的工作频率进行分析，已知串级控制系统的传递函数，可得串级系统的特征方程式为

$$1+G_{mc}(s)G''_s(s)G_m(s)G_{mt}(s) = 0 \tag{5.1.10}$$

假设主回路各环节的传递函数为

$$G_m(s) = \frac{K_m}{T_m s+1},\ G_{ms}(s)=K_{mc},\ G_{mt}(s)=K_{mt}$$

将传递函数代入式(5.1.10)中可得

$$s^2 + \frac{T_m+T''_s}{T_m T''_s}s + \frac{1+K_{mc}K_m K''_s K_{mt}}{T_m T''_s} = 0 \tag{5.1.11}$$

并化为标准式，可得

$$s+2\zeta\omega_0 s+\omega_0^2 = 0 \tag{5.1.12}$$

其中

$$\omega_0 = \frac{1}{2\zeta}\frac{T_m+T''_s}{T_m T''_s} \tag{5.1.13}$$

从自动控制原理可知，当 $0<\zeta<1$ 时，系统的工作频率（$\omega_串$）为

$$\omega_串 = \omega_0\sqrt{1-\zeta^2} = \frac{\sqrt{1-\zeta^2}}{2\zeta}\frac{T_m+T''_s}{T_m T''_s} \tag{5.1.14}$$

同理，可求的单回路控制系统的工作频率（$\omega_单$）为

$$\omega_单 = \omega'_0\sqrt{1-\zeta'^2} = \frac{\sqrt{1-\zeta'^2}}{2\zeta'}\frac{T_m+T_s}{T_m T_s} \tag{5.1.15}$$

如果通过控制器的参数整定,使串级控制系统与单回路控制系统具有相同的衰减率,即 $\zeta = \zeta'$,则

$$\frac{\omega_{串}}{\omega_{单}} = \frac{1 + \dfrac{T_m}{T_s''}}{1 + \dfrac{T_m}{T_s}} \geq 1 \tag{5.1.16}$$

所以 $\omega_{串} \geq \omega_{单}$。

可得到当主、副被控过程均为一阶惯性环节,主、副控制器均为比例控制时,副回路改善了被控过程的动态特性,提高了系统工作频率。

3. 针对工业过程中负荷和操作条件变化的适应性强

对于串级控制系统,从主回路看是一个定值控制系统,但从副回路看是随动控制系统。主控制器根据负荷和操作条件的变化不断纠正副控制器的设定值,使副控制器的设定值适应负荷和操作条件的变化。如果对象中有较大的非线性部分包含在副回路中,当负荷和操作条件变化时,必然使副回路的工作点发生变化而影响其稳定性,但串级控制系统中副回路的变化对整个系统的稳定性影响相对较小,原因如下:

已知串级系统中副回路放大系数 $K_s''(s) = \dfrac{K_{sc}K_vK_s}{1 + K_{sc}K_vK_sK_{st}}$,一般情况下 $1 + K_{sc}K_vK_sK_{st} \geq 1$。副被控过程或调节阀的放大系数 K_s 或 K_v 随负荷变化,相对于单回路系统,其对回路放大系数影响减小。且由于副回路是一个随动系统,当负荷或者操作变化时,主控制器将改变其输出,改变副回路的设定值,使系统适应上述变化。

从这个意义上说,串级控制系统能够适应不同变化负荷和操作条件的变化。

5.1.3 串级控制系统的设计

串级控制系统的设计主要包括主、副回路的选择,主、副回路的控制器规律,以及主、副回路正、反作用的选择等。

1. 主、副回路的选择

1) 主回路的选择

主回路的选择就是确定主被控参数。串级控制系统主被控参数的选择原则与单回路控制系统的选择原则是一致的。由于串级控制系统副回路的超前作用使得工艺过程比较稳定,所以可以允许主被控参数有一定的滞后。

选择主被控参数的主要原则是:尽量选择最直接、最有效、正确、迅速反映控制要求的、可测量的工艺参数作为主被控参数;当不能选用直接参数时,应选择与直接参数有单值函数关系的间接参数作为主被控参数;所选主被控参数必须具有足够的变化灵敏度;同时,还需注意考虑工艺的合理性和经济性。

2) 副回路的选择

在主被控参数确定后,副被控参数的选择应该针对不同情况做具体分析。由于串级控制系统的特点主要来源于副回路,因此,串级控制系统设计的成败主要取决于副回路的

设计。

副回路选择应遵循以下原则:为了保证副回路的快速反应能力、缩短调节时间,副被控过程的时间常数不能太大,纯滞后时间要尽可能的小,副被控变量必须是物理可测的,且应使副被控过程的时间常数小、纯滞后时间短。同时,副回路应包含生产过程中变化剧烈、频繁而且幅度大的主要干扰,但副回路所包含的扰动不能太多,否则通道加长,时间常数变大,不利于副回路快速克服扰动;除此之外,主、副过程的时间常数应适当匹配。最后,也要考虑副回路设计工艺上的合理性和经济性。

2. 主、副控制器控制规律的选择

主控制器起定值控制作用,副控制器起随动控制作用。主控制器常选用 PI 或 PID 控制规律;主参数是工艺操作的主要指标,允许波动的范围小,一般要求无余差。副控制器常选择 P 控制规律;副参数的设置是为了主参数的控制质量,可允许在一定的范围内变化,允许有余差;引入积分控制规律,会延长控制过程,减弱副回路的快速作用;引入微分作用,因副回路本身起着快速作用,再引入微分作用会使调节阀动作过大,对控制不利。不同情况下,选用的控制规律如表 5.1.1 所示。

表 5.1.1　不同情况下控制器控制规律

序号	工艺对变量的要求		应选规律	
	主变量	副变量	主控制器	副控制器
1	重要指标,要求较高	主要指标,允许有余差	PID	P
2	主要指标,要求较高	主要指标,要求较高	PI	PI
3	要求不高,相互协调	要求不高,相互协调	P	P

3. 主、副控制器正、反作用方式的确定

对于串级控制系统来说,主、副控制器的正、反作用方式选择原则是使整个控制系统构成负反馈系统,即主、副回路均为负反馈。

首先,根据工艺生产安全性,确定调节阀的气开、气关形式。其次,根据生产工艺条件和调节阀形式,确定副控制器的正、反作用。最后,再根据主副参数的关系,确定主控制器的正、反作用。表 5.1.2 是串级控制中主、副控制器正、反作用选择方式,表中当 K_v 为正时,调节阀为气开式,否则为气关式;当 K_{mc} 为正时,控制器为反作用,否则为正作用。

表 5.1.2　主、副控制器正、反作用方式选择

序号	主被控过程(K_m)	副被控过程(K_s)	调节阀(K_v)	主控制器(K_{mc})	副控制器(K_{sc})
1	正	正	正	正	正
2	正	正	负	正	负
3	负	负	正	负	正
4	负	负	负	负	正

续表 5.1.2

序号	主被控过程(K_m)	副被控过程(K_s)	调节阀(K_v)	主控制器(K_{mc})	副控制器(K_{sc})
5	负	正	正	负	正
6	负	正	负	负	负
7	正	负	正	正	负
8	正	负	负	正	正

5.1.4 串级控制系统的参数整定

串级控制系统中参数整定实质主要是主、副控制器的整定。它的两个控制器是相互关联的,一般通过改变控制器的 PID 参数来改善系统的静态和动态特性,以获得最佳控制质量。在系统运行时,一般副回路的频率较高,主回路的频率较低,整定时应尽量加大副控制器的增益以提高副回路的工作特性。在工程实践中,串级系统常用的参数整定方法有逐步逼近法、两步整定法、一步整定法。下面进行三种常用的串级控制系统参数整定方法的介绍。

1.逐步逼近法

针对串级控制系统中两个回路时间常数差距较小,动态联系较紧密的条件,可选用该方法完成参数整定。具体步骤如下:

(1)在主回路开环的情况下,求取副回路中控制器的整定参数。

(2)完成副回路控制器参数整定后,使串级控制系统主回路闭合,以求取主回路控制器的参数值。

(3)在上述条件下,按相同方法再次求取副控制器的整定参数,完成一次逼近循环。

(4)如此反复逐步逼近,直到获得满意的控制质量指标为止。

该方法的整定需多次重复进行,逐步逼近理想值,较为费时。

2.两步整定法

两步整定法的特点是先完成副回路控制器的参数整定,将其作为整个串级控制系统的一个环节,再对主控制器参数进行整定。其中主、副控制对象的时间参数应该匹配,通常要求 $T_m/T_s=3\sim10$,且对主对象的控制质量要求较高,而对副对象的控制要求较低,牺牲一点副对象的控制质量也是允许的。下面是两步整定法整定步骤:

(1)整定求取副控制器的比例度和操作周期。在工况稳定、主副回路闭合的情况下,主控制器为纯比例运行,比例度固定在 100%,用 4∶1 衰减曲线法整定副控制器参数,求得副控制器在 4∶1 衰减过程下的比例度 δ_s 和操作周期 T_s。

(2)求取主控制器的比例度和操作时间 。在副控制器比例度等于 δ_s 的条件下,逐步降低主控制器的比例度,求取同样的递减比过程中主控制器的比例度 δ_m 和操作周期 T_m。

(3)计算主、副控制器的比例度,积分时间和微分时间的数值。按已求的 δ_m、δ_s、T_m、T_s 值,结合控制器的选型,按单回路控制系统衰减曲线法整定参数的经验公式,计算主、副控制器的整定参数值。

(4)必要时进行适当的调整,直到系统质量达到最佳为止。按照先副后主、先 P 次 I 后 D 的顺序,将计算出的参数值设置到控制器上,作一些扰动实验,观察过渡过程曲线,适当调整,直至过渡过程质量最佳。

3.一步整定法

一步整定法的特点是将整个系统看作单回路控制系统,其中副回路的参数整定由副被控过程的特性或经验来完成整定,再对主控制器的参数进行整定。具体步骤如下:

(1)首先根据副回路参数的类型,按经验法选择好副控制器比例度。

(2)将副控制器按经验值设定好,然后按单回路控制系统参数整定方法完成主控制器参数整定。

(3)由主控制器和副控制器放大系数匹配的原理得出适当的主、副控制器参数整定值,使主回路控制器参数品质最好。

5.2 前馈控制系统

单回路反馈控制系统是对被控系统的偏差进行控制的,即当被控变量偏离设定值产生偏差后,控制器才产生控制作用,以补偿扰动对被控变量的影响。如图 5.2.1 中在换热器温度控制系统中,T_1 为热流体温度,F_1 为冷流体流量,F_s 为蒸汽流量,TT 为温度测量变送器,T_0 为热流体温度给定值,TC 为温度控制器,K 为温度调节阀门。当被加热的物料流量 F_1 发生变化后,将引起热流体出口温度 T_1 发生变化,使其偏离给定值 T_0,随之温度控制器按照被控量偏差值 $e = T_0 - T_1$ 的大小和方向产生控制作用,通过调节阀的动作改变加热用蒸汽的流量 F_s,从而补偿扰动对被控量 T_1 的影响。

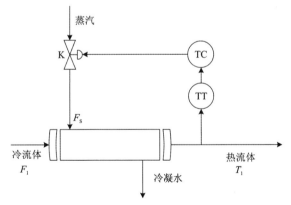

图 5.2.1 换热器反馈控制系统

这种控制方式下,只有扰动进入系统并造成后果(偏差)时,控制器才能进行"补救",这会导致控制不及时,引起出口温度不合要求,容易发生安全事故。

在干扰出现时就进行针对性的调节,则可以在偏差出现以前补偿干扰的影响。前馈控制就是在这种情况下发展起来的一种特殊控制规律。

5.2.1 前馈控制的基本原理

针对前述换热器中单回路控制系统存在的被加热物料流量扰动问题,如果能够提前对干扰进行补偿,那么能对换热器温度进行有效控制,如图 5.2.2 所示。假设换热器的物料流量 F_1 是影响被控量 T_1 的主要扰动,此时 F_1 变化频繁,变化幅值大,且对出口温度 T_1 的影响最为显著。如果通过流量变送器测量物料流量 F_1,并将流量变送器的输出信号送到控制器 FC;FC 控制器根据 F_1 的变化,按照一定的运算规律操作调节阀门,提前改变加热用蒸汽流量 F_s,补偿物料流量 F_1 对被控温度的影响。这种控制方式成为前馈控制,FC 称为前馈控制器。

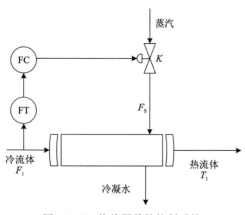

图 5.2.2 换热器前馈控制系统

相较于换热器单回路反馈控制系统,前馈控制系统的调节时间大幅减少,能使系统迅速进入稳态,可以对已知扰动有较好的抑制作用。一般前馈控制系统原理方框图如图 5.2.3 所示。

图 5.2.4 为前馈控制系统框图,图中 $D(s)$ 为扰动量输入;$Y(s)$ 为被控量输出;$G_D(s)$ 为扰动通道传递函数;$G_F(s)$ 为前馈控制器传递函数;$G_0(s)$ 为包含执行器的控制通道传递函数。

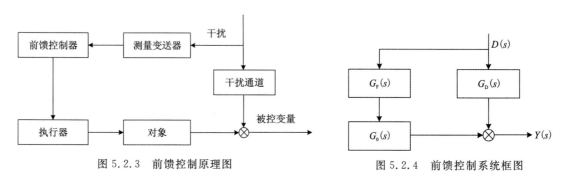

图 5.2.3 前馈控制原理图　　　　图 5.2.4 前馈控制系统框图

根据图 5.2.4 可计算出

$$Y(s) = D(s) \times G_F(s) \times G_0(s) + D(s) \times G_D(s) \tag{5.2.1}$$

前馈控制能够完全补偿扰动影响的条件称为全补偿条件,即当扰动 $D(s)$ 变化时,对被控变量 $Y(s)$ 无影响,可以表达为

$$\frac{Y(s)}{D(s)} = 0 \tag{5.2.2}$$

因此,可计算出前馈控制器传递函数为

$$G_F(s) = -\frac{G_D(s)}{G_0(s)} \tag{5.2.3}$$

前馈控制与反馈控制之间存在着一个根本的差别,即前馈控制是开环控制而不是闭环控制,它的控制效果不通过反馈来加以检验。

5.2.2 前馈控制系统的特点

在过程控制领域中,前馈和反馈是两类并列的控制方式,相比于反馈控制,前馈控制具有如下特点。

1. 前馈控制基于不变性原理(即全补偿)工作

前馈控制根据干扰变化产生控制作用,检测的信号是干扰量的大小和方向,控制作用的发生时间是在干抗作用的瞬间而不需等到偏差出现之后。而反馈控制的依据是被控变量与给定值的偏差,检测的信号是被控变量的大小和方向,控制作用的发生时间是在偏差出现以后,可以局部克服所有扰动。因此前馈控制作用及时,不必等到被控量出现偏差就产生控制作用,理论上可以实现对干扰的完全补偿,使被控量与设定值保持一致。因此,前馈控制具有只能克服可测扰动的局限性。

此外,前馈控制往往用于抑制不可控扰动对系统的影响。所谓可测,是指干扰量可以采用检测变送装置在线转化为标准的电信号。而目前某些参数,如成分量等参数还无法实现上述转换,也就无法设计相应的前馈控制系统。所谓不可控,有两层含义:其一,这些干扰难以通过设置单独的控制系统予以稳定;其二,在某些情况下,虽然可以设置专门的控制系统来稳定干扰,但由于操作和生产工艺上的需要,该变量不能或不宜被控制,如生产产量等。

2. 前馈控制是依据对象特性设计的"专用"控制器

一般的反馈控制系统常采用通用类型的 PID 控制器,而前馈控制要采用专用控制器。前馈控制器的控制规律取决于干扰通道的特性与控制通道的特性。对于不同的对象特性,就需要设计具有不同控制规律的控制器。一种前馈作用只能克服一种干扰,而反馈控制只用一个控制回路就可克服多个干扰。因此,前馈控制具有一种控制器只能克服一种干扰的局限性。

3. 前馈控制属于"开环"控制系统

反馈控制系统是一个闭环控制系统,而前馈控制系统是一个"开环"控制系统。反馈控制由于是闭环系统,控制结果能够通过反馈获得检验,而前馈控制的控制效果并不通过反馈来加以检验。设计一个良好的前馈控制器,必须首先对被控对象的特性进行准确把握。由于准确地掌握过程干扰通道特性和控制通道特性不容易,建立的通道模型不可能十分精准,前馈控制规律设计相对困难。前馈控制具有只能实现局部补偿,难以实现完全补偿的局限性。

简单来说,前馈控制对已知可测扰动抑制效果更好;反馈控制对未知扰动的控制效果更好;前馈控制对已知可测扰动比反馈控制更及时,效果更好。

表 5.2.1 前馈控制与反馈控制的比较

序号	比较项	反馈控制	前馈控制
1	控制的依据	被控变量的偏差	干扰量的波动
2	检测的信号	被控变量	干扰量
3	控制作用发生的时间	偏差出现后	偏差出现前,扰动发生时
4	系统结构	闭环控制	开环控制
5	控制质量	动态有差控制	无差控制(理想状态)
6	控制器	PID 控制	专用控制器
7	经济性	一种系统可克服多种干扰	每一种都要一个控制系统

5.2.3 前馈控制系统的设计与参数整定

前馈控制一般分为静态前馈和动态前馈两种。

1. 静态前馈控制

如果前馈控制器的传递函数与时间因子无关,则前馈控制器的控制规律具有比例特性。

$$G_F(s) = -\frac{G_D(s)}{G_0(s)} = -K_F \tag{5.2.4}$$

式中:K_F 为静态前馈系数。

静态前馈控制只考虑最终稳态时的校正,所以只能使被控参数最终的静态偏差接近或等于零,不考虑由于过程扰动通道时间常数和控制通道时间常数不同,在过渡过程中所产生的动态偏差。静态前馈控制器不包含时间因子,不需要特殊仪表,一般是比值器,能满足一般工业对象的要求。当干扰通道与控制通道的时间常数相差不大时,采用静态前馈控制。

2. 动态前馈控制

在实际的过程控制系统中,被控对象的控制通道和干扰通道的传递函数往往都是时间的函数,因此采用静态前馈控制方案,就不能补偿动态偏差,尤其是在对动态偏差控制精度要求很高的场合,必须考虑采用动态前馈控制方式。

动态前馈控制的设计思想是通过选择适当的前馈控制器,使干扰信号经过前馈控制器至被控变量通道的动态特性完全复制对象干扰通道的动态特性,并使它们的符号相反,从而实现对干扰信号进行完全补偿的目的。这种控制方案不仅保证了系统的静态偏差等于零或接近于零,还可以保证系统的动态偏差等于零或接近于零。

同样以换热器为例,进料量为干扰,设干扰通道和控制通道的传递函数分别为

$$G_D(s) = \frac{K_d e^{-\tau_d s}}{T_d s + 1} \tag{5.2.5}$$

$$G_0(s) = \frac{K_0 e^{-\tau_0 s}}{T_0 s + 1} \tag{5.2.6}$$

当对干扰量 D 完全补偿时,有

$$G_F(s) = -\frac{G_D(s)}{G_0(s)} = -\frac{K_d(T_0 s+1)e^{-(\tau_d-\tau_0)s}}{K_0(T_d s+1)} \tag{5.2.7}$$

若实际系统的 $\tau_d = \tau_0$，则动态前馈控制器传递函数为

$$G_F(s) = -\frac{G_D(s)}{G_0(s)} = -\frac{K_d(T_0 s+1)}{K_0(T_d s+1)} = -K_F\frac{T_0 s+1}{T_d s+1} \tag{5.2.8}$$

如果 $T_d = T_0$，则

$$G_F(s) = -K_F(s) \tag{5.2.9}$$

显然，当被控对象的控制通道和干扰通道的动态特性完全相同时，动态前馈控制器的补偿作用相当于一个静态前馈控制器。实际上，静态前馈控制只是动态前馈控制的一种特殊情况。

动态前馈控制可消除控制过程的动态偏差。由于动态前馈控制器是时间的函数，必须采用专门的控制装置，所以实现起来比较困难。干扰变化频繁且动态控制精度要求高的过程，采用动态前馈控制。

3. 前馈控制系统的参数整定

对大多数实际工业过程，前馈控制可用时滞加一阶惯性环节的结构形式。前馈控制器的传递函数为

$$G_F(s) = -K_F\frac{T_1 s+1}{T_2 s+1} \tag{5.2.10}$$

1) K_F 的开环整定法

开环整定法：在反馈回路断开，使系统处于单纯静态前馈状态下，施加干扰，K_F 由小逐步增大，直到被控变量回到给定值，此时 K_F 为最佳值。理论上

$$K_F = \frac{K_d}{K_0} \tag{5.2.11}$$

开环整定法适用于在系统中其他扰动占次要地位的场合，否则会有较大偏差。由于这种整定方法没有反馈回路参与，同时又容易影响生产，所以在实际系统中不常应用。

2) T_1、T_2 的整定

动态参数较静态参数整定复杂得多，在事先未经动态测定求取这两个时间常数时，至今尚无完整的工程整定法和定量计算公式，主要还是运用经验的或定性的分析来确定。

当 T_1 过小或 T_2 过大时，产生欠补偿现象，如图 5.2.5(a)所示。当 T_1 过大或 T_2 过小时，产生过补偿现象，如图 5.2.5(b)所示。当 T_1、T_2 分别接近或等于对象控制通道和干扰通道时间常数时，此时补偿合适，如图 5.2.5(c)所示。

初次整定时，若 $T_1 > T_2$（超前），取 $T_1 = 2T_2$；若 $T_1 < T_2$（滞后），取 $T_1 = 0.5T_2$。

系统置于单纯前馈控制下运行施加阶跃干扰，视被控变量的影响曲线，对 T_1、T_2 值进行调整，直至获得满意的数值。具体步骤为：第一步，不加扰动补偿，观察曲线；第二步，加扰动，观察 T_1、T_2 施加后，曲线的上、下部分的面积；第三步，调整 T_1、T_2 差值，使上、下部分面积接近；第四步，保证差值不变，调整获取较为平坦的响应曲线，此时可获得温度的动态参数 T_1 和 T_2。

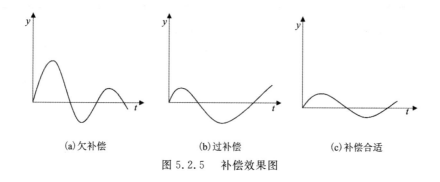

图 5.2.5　补偿效果图

5.2.4　前馈控制系统的应用

一般情况下,出现以下情况应该考虑设计前馈控制器:控制系统中控制通道的惯性和迟延较大,反馈控制达不到良好的控制效果;系统中存在着经常变动、可测而不可控且对被控变量影响显著的干扰;当工艺上要求实现变量间的某种特殊的关系,而需要通过建立数学模型来实现控制时,换句话说就是把干扰量代入已建立的数学模型中去,从模型中求解控制变量,从而消除干扰对被控变量的影响的情况。在设计前馈控制时要注意经济实用原则,在决定选用前馈控制方案后,当静态前馈能满足工艺要求时,就不必选用动态前馈。

根据前馈控制原理可以看出,要实现对扰动量的完全补偿,就必须保证扰动通道和控制通道的数学模型是精确的,否则被控变量与设定值之间就会出现偏差。因此,在实际工程中,一般不单独采用单纯前馈控制方案,通常考虑采用前馈-反馈控制系统或前馈-串级控制系统。

1.前馈-反馈控制系统

前馈控制往往与反馈控制结合起来构成前馈-反馈控制系统,这样既发挥了前馈控制作用及时的优点,又保持了反馈控制能克服多个扰动和具有对被控量实行反馈检验的长处。一个典型的前馈-反馈控制系统如图 5.2.6 所示。系统的控制作用是反馈控制器 $G_c(s)$ 的输出和前馈控制器 $G_F(s)$ 的输出叠加。当冷流体流量(即生产负荷)发生变化时,前馈控制器及时发出补偿控制命令,补偿冷物料量变化对换热器出口温度的影响。同时对于未引入前馈的物料温度、蒸汽压力等扰动对出口温度的影响,则由反馈控制器来克服。前馈作用加反

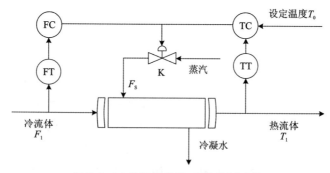

图 5.2.6　换热器前馈-反馈控制系统

馈作用,使得换热器的出口温度较快地稳定在给定值上,获得更加理想的控制效果。图 5.2.7 为前馈-反馈控制系统框图。

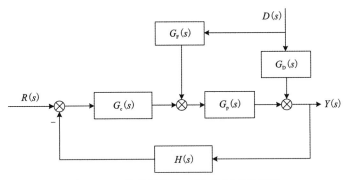

图 5.2.7 换热器前馈-反馈控制系统框图

由图可以求得完全补偿的条件,即

$$\frac{Y(s)}{D(s)} = \frac{G_F(s) \times G_0(s) + G_D(s)}{1 + H(s)G_c(s)G_p(s)} \tag{5.2.12}$$

在扰动 $D(s)$ 的作用下,对被控变量 $Y(s)$ 完全补偿的条件是当 $D(s) \neq 0$ 时,$Y(s) = 0$,因此有

$$G_F(s) = -\frac{G_D(s)}{G_0(s)} \tag{5.2.13}$$

可见,前馈-反馈控制系统与单纯前馈控制系统实现完全补偿的条件相同,其前馈控制器的特性不会因为增加了反馈回路而改变。

在单纯的反馈控制系统中,提高控制精度与系统稳定性往往是矛盾的,为保证系统的稳定性而牺牲系统的控制精度。前馈-反馈控制系统既可实现高精度控制,又能保证系统稳定运行,因而在一定程度上解决了稳定性与控制精度之间的矛盾。因此它在实际工程上获得了十分广泛的应用。

5.2.3 节中介绍了在单纯前馈控制系统中的 K_F 整定方法,除了开环整定法外,闭环整定法在前馈-反馈系统运行下整定和利用反馈系统整定。图 5.2.8 是闭环整定的原理框图。

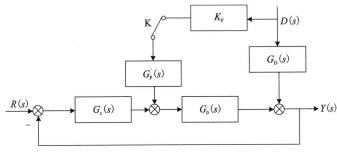

图 5.2.8 闭环整定原理框图

(1) 利用反馈系统整定:开关 K 闭合,使系统处于前馈-反馈状态,施加相同的干扰作用量,由小而大逐渐改变 K_F 值,直至得到满意的补偿效果为止。补偿效果如图 5.2.9 所示。

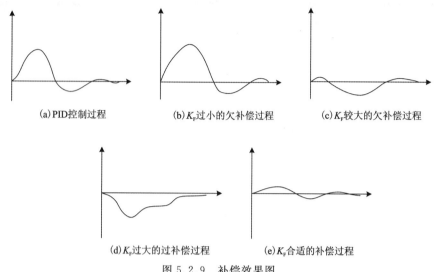

(a) PID控制过程　　(b) K_F过小的欠补偿过程　　(c) K_F较大的欠补偿过程

(d) K_F过大的过补偿过程　　(e) K_F合适的补偿过程

图 5.2.9　补偿效果图

(2) 利用反馈系数整定：开关 K 打开，使系统处于反馈系统运行状态。待系统稳定后，记下干扰变送器的输出 I_{D0} 和反馈控制器的输出稳定值 I_{C0}。然后对干扰 D 施加一增量 ΔD，当反馈系统在 ΔD 的作用下被控变量重新回到给定值时，记下干扰变送器的输出 I_D 和反馈控制器的输出稳定值 I_C，则前馈控制器的静态放大系数为

$$K_F = \frac{I_C - I_{C0}}{I_D - I_{D0}} = \frac{\Delta I_C}{\Delta I_D} \tag{5.2.14}$$

整定过程需要注意两点：①反馈控制器必须具有积分作用，否则在干扰作用下无法消除被控变量的余差；②要求工况稳定，以免受到其他干扰的影响。

前馈-反馈控制系统和串级控制系统中都有两个控制器，但串级控制中的副参数与前馈-反馈控制中的前馈输入量是两个截然不同的概念。前者是串级控制系统中反映主被控变量的中间变量，控制作用对它产生明显的调节效果；而后者是对主被控变量有显著影响的干扰量，是完全不受控制作用约束的独立变量，引入前馈输入量的目的是补偿扰动对被控变量的影响。

2. 前馈-串级控制系统

有时也会将前馈控制与串级控制结合起来，构成前馈-串级控制系统，既发挥前馈控制作用及时的优点，又保持串级控制能快速及时克服副回路中干扰的长处。

由串级控制系统分析可知，系统对进入副回路的扰动影响有较强的抑制能力，而前馈控制能克服进入主回路的系统主要扰动。前馈控制器的输出一般不能直接加在调节阀上，而应作为副控制器的给定值。一个典型的前馈-串级控制系统如图 5.2.10 所示。

其原理为当进料（生产负荷）发生变化时，前馈控制前器 FC 及时发出控制命令，用前馈控制器的输出调整燃料流量，以抑制冷物料量变化带来的扰动，用串级主回路控制出口温度 T_1，副回路控制出口温度 T_2，构成加热炉前馈-串级控制系统。其系统框图如图 5.2.11 所示。

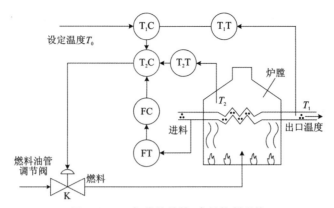

图 5.2.10　加热炉前馈-串级控制系统

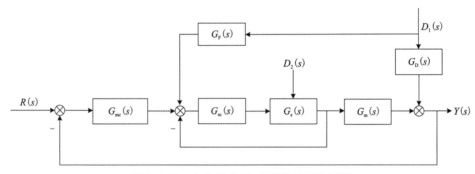

图 5.2.11　加热炉前馈-串级控制系统框图

前馈控制器的传递函数可设计为

$$G_F(s) = \frac{G_D(s)}{\dfrac{G_{sc}(s)G_s(s)}{1+G_{sc}(s)G_s(s)}G_m(s)} \tag{5.2.15}$$

在串级控制系统中,如果副回路的工作频率大幅度高于主回路的工作频率,则可认为副回路的传递函数为

$$\frac{G_{sc}(s)G_s(s)}{1+G_{sc}(s)G_s(s)} \approx 1 \tag{5.2.16}$$

所以式(5.2.15)可写成

$$G_F(s) = \frac{G_D(s)}{G_m(s)} \tag{5.2.17}$$

前馈-串级控制系统中的前馈控制器参数整定方法与前馈-反馈控制系统类似。

5.3　大滞后控制系统

工业过程控制中,系统的滞后现象普遍存在,滞后时间不一。在控制系统中如果被控对象存在纯滞后,则系统的控制难度加大,控制的品质会变差,系统的稳定性也会降低。一般来说,滞后时间越大,系统就越不稳定。由于纯延迟环节的存在,被控量不能及时地反映系统所遇到或承受的扰动,即使检测到了信号使控制器动作,也要经过一段延迟时间后才能使被控制量得到控制。这样系统必然会经过较长的调节时间并产生明显的超调,通常带延迟特性的被控系统的控制难度随滞后程度的增加而加大。

如图 5.3.1 所示,在水箱液位控制系统中阀门 1 和阀门 2 分别控制流入量 Q_1 和流出量为 Q_2。被调量是水箱液位 h,控制量是进水口阀门或出水口阀门的开度,进水阀门 1 与水箱有一段长度为 l 的供水管道。当检测到水箱液位低于给定值,通过增大进水口阀门 1 对水箱液位进行调节时,液位升高必然要滞后一个时间,即介质经过长管道所需的时间。

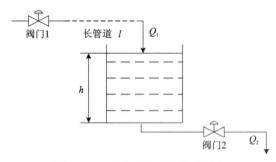

图 5.3.1 单容水箱液位检测系统

在这样的大滞后控制过程中,过程通道中存在的纯延时,使得从控制器发出信号到被控量发生变化需要较长时间,难以及时抑制被控对象的扰动,容易发生安全事故。另外,除了控制通道可能产生延迟外,有时检测通道也会存在延时,即被控量的变化不能及时被反映到控制器中。

5.3.1 采样控制

采样控制方法是通过间断地对系统中某些变量进行测量和控制,从而消除滞后带来的影响的方法。通常采用一种定周期的断续 PID 控制方式,即控制器按周期 T 进行采样控制。在两次采样之间,保持该控制信号不变,直到下一个采样控制信号到来。保持的时间 T 必须大于纯滞后时间 τ_0。这样重复动作,一步一步地校正被控参数的偏差值,直至系统达到稳定状态。核心思想就是放慢控制速度,减少控制器的过度调节。采样控制是以牺牲速度来获取稳定的控制效果,如果在采样间隔内出现干扰,必须要等到下一次采样后才能做出反应。

采样控制方案设计通常如图 5.3.2 所示。

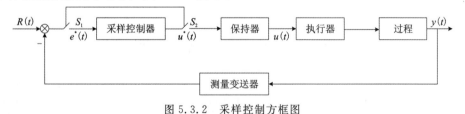

图 5.3.2 采样控制方框图

图 5.3.2 中,采样控制器每隔采样周期 T 动作一次。S_1、S_2 表示采样器,它们同时接通或同时断开。S_1、S_2 接通时,采样控制器闭环工作;S_1、S_2 断开时,采样控制器停止工作,输出为零,但是上一时刻的控制值 $u^*(t)$ 通过保持器持续输出。采样过程如图 5.3.3 所示。

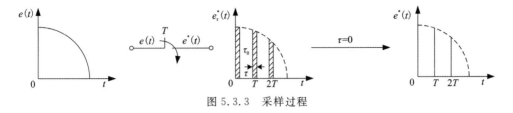

图 5.3.3 采样过程

图 5.3.3 中,当采样脉冲的持续时间 τ 远小于采样周期 T 和系统的时间常数时,可以将窄脉冲看成理想脉冲,从而可得采样后的采样信号为

$$e^*(t) = \sum_{k=0}^{+\infty} e(kT)\delta(t-kT) \tag{5.3.1}$$

式中:kT 是理想脉冲出现的时刻。

采样控制器每隔采样周期 T 动作一次,且采样周期 T 大于滞后时间 τ_0,在滞后时间 τ_0 内不进行采样即可消除滞后时间 τ_0 过程中输出量的变化,达到控制时滞的目的。

采样方式除了等周期采样外,还有周期性重复采样的多阶采样、有两个以上不同采样周期的采样开关对信号同时进行采样的多速采样、随机进行且没有固定规律的随机采样。

5.3.2 史密斯预估补偿控制

美国加利福尼亚大学的 Smith 教授提出一种过程输出预估与时滞补偿的方法,该方法后来被称为 Smith 预估补偿器。它的特点是预先估计出过程在基本扰动下的动态特性,然后由预估器进行补偿,力图使被迟延了 τ 的被控量超前反映到控制器,使控制器提前动作,从而明显地减小超调量和加速调节过程。

Smith 预估补偿控制是根据过程特性预先估计出被控过程的动态模型,设计一个预估器进行补偿,使被滞后的被控量超前反映到控制器的输入端,使控制器提前动作,减小超调量、加速调节过程。Smith 算法依赖于被控对象的数学模型,它在模型估计准确的情况下能实现较好的控制作用,而在模型估计有偏差的情况下控制品质就会变差。在现代复杂的工业控制中,被控对象的数学模型很难精确地估计出来,此外 Smith 算法对外部扰动、参数变化也很敏感,因此 Smith 控制在推广到实际应用中时有较多限制。

在图 5.3.4 带时滞的单回路控制系统中,其传递函数为

$$\frac{Y(s)}{R(s)} = \frac{G_c(s)G_0(s)e^{-\tau_0 s}}{1+G_c(s)G_0(s)e^{-\tau_0 s}} \tag{5.3.2}$$

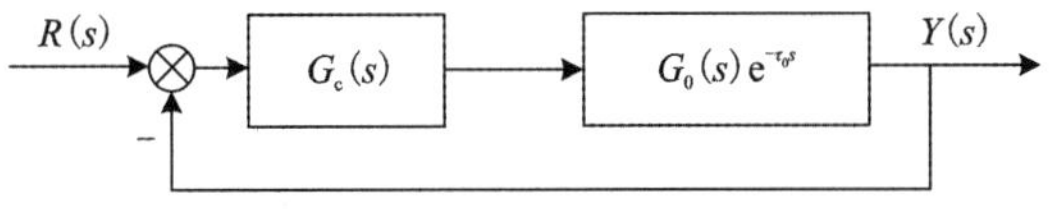

图 5.3.4 带时滞的单回路控制系统

在控制回路内部加入 Smith 预估补偿器 $G_s(s)$ 后,得到如图 5.3.5 所示的 Smith 预估补偿控制系统框图。

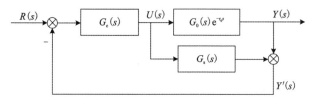

图 5.3.5 Smith 预估补偿控制系统框图

采用预估补偿器后,控制量 $U(s)$ 与反馈信号 $Y'(s)$ 之间的传递函数是两个并联通道之和,即补偿器 $G_s(s)$ 与被控对象 $G_0(s)e^{-\tau_0 s}$ 之和。如果通过设计合适的 $G_s(s)$,使得并联通道之和等于 $G_0(s)$,那么系统的延时部分 $e^{-\tau_0 s}$ 就被补偿掉了,即

$$\frac{Y'(s)}{U(s)} = G_0(s)e^{-\tau_0 s} + G_s(s) = G_0(s) \tag{5.3.3}$$

则 $G_s(s)$ 可以设计为

$$G_s(s) = G_0(s)(1 - e^{-\tau_0 s}) \tag{5.3.4}$$

在实际应用中,Smith 预估器并不是接在被控对象上,而是反向并接在控制器上,将求和点前移可得如图 5.3.6 所示 Smith 预估补偿控制系统等效图。

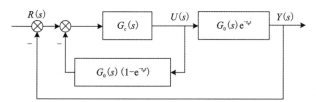

图 5.3.6 Smith 预估补偿控制系统等效图

计算系统在给定值 R 作用下的闭环传递函数 $\dfrac{Y(s)}{R(s)}$ 为

$$\begin{aligned}\frac{Y(s)}{R(s)} &= \frac{\dfrac{G_c(s)G_0(s)e^{-\tau_0 s}}{1 + G_c(s)G_s(s)e^{-\tau_0 s}}}{1 + \dfrac{G_c(s)G_0(s)e^{-\tau_0 s}}{1 + G_c(s)G_s(s)e^{-\tau_0 s}}} = \frac{G_c(s)G_0(s)e^{-\tau_0 s}}{1 + G_c(s)G_s(s) + G_c(s)G_0(s)e^{-\tau_0 s}} \\ &= \frac{G_c(s)G_0(s)e^{-\tau_0 s}}{1 + G_c(s)G_0(s)(1 - e^{-\tau_0 s}) + G_c(s)G_0(s)e^{-\tau_0 s}} = \frac{G_c(s)G_0(s)e^{-\tau_0 s}}{1 + G_c(s)G_0(s)}\end{aligned} \tag{5.3.5}$$

比较式(5.3.2)与式(5.3.5)得,Smith 预估补偿控制系统的特征方程中已不包含 $e^{-\tau_0 s}$ 项,即预估补偿消除了控制通道纯滞后对系统闭环稳定性的影响,分子中的 $e^{-\tau_0 s}$ 项只是将被控参数 $y(t)$ 的响应在时间上推迟了 τ_0 时段。以上说明预估补偿后,设定值通道的控制品质和过程无滞后时完全相同。

5.3.3 达林算法

达林算法是美国 IBM 公司的工程师 Dahlin 提出的一种不同于常规 PID 控制规律的算

法。该算法的最大特点是通过设计一种闭环控制器,使得期望的闭环响应变成一阶惯性加纯延迟的响应形式。

达林控制器的结构简单,控制系统的鲁棒性好,能有效地应用于大时滞系统的控制。但由于该控制器会产生振铃现象,实际应用中受到很多限制。

1.达林算法的基本形式

设被控对象为带有纯滞后的一阶惯性环节,其传递函数为

$$G_0(s) = \frac{K_0 e^{-\tau s}}{T_0 s + 1} \tag{5.3.6}$$

式中:K_0 为放大系数;T_0 为被控对象的时间常数;$\tau = NT$ 为被控对象的纯延迟时间,为了简化,设其为采样周期的整倍数,即 N 为正整数。

达林算法的设计思想是:设计一个合适的数字控制器 $G_c(z)$,使系统的闭环传递函数 $G(s)$ 相当于一个纯滞后环节和一阶惯性环节的串联,并要求纯延迟时间等于被控对象的纯延迟时间。即该闭环系统的传统的传递函数为

$$G(s) = \frac{Y(s)}{R(s)} = \frac{e^{-\tau s}}{T_\tau s + 1} \tag{5.3.7}$$

进行离散化可得闭环脉冲传递函数

$$G(z) = \frac{Y(z)}{R(z)} = Z\left[\frac{1 - e^{-Ts}}{s} \cdot \frac{e^{-\tau s}}{T_\tau s + 1}\right] = z^{-N-1} \frac{-e^{-T/T_\tau}}{1 - e^{-T/T_\tau} z^{-1}} \tag{5.3.8}$$

数字控制器的脉冲传递函数可以表达为

$$G_c(z) = \frac{1}{G_0(z)} \cdot \frac{G(z)}{[1 - G(z)]} \tag{5.3.9}$$

由上式可知,控制器设计与被控对象有关。带零阶保持器的一阶对象的脉冲传递函数为

$$\begin{aligned}
G_0(z) &= Z\left[\frac{1-e^{-Ts}}{s} \cdot \frac{K_0 e^{-NTs}}{T_0 s + 1}\right] = Z\left[\frac{K_0 e^{-NTs}}{s(T_0 s+1)}\right] - Z\left[\frac{K_0 e^{-(N+1)Ts}}{s(T_0 s + 1)}\right] \\
&= K_0 \cdot z^{-N}\left[\frac{1}{s} - \frac{\tau_1}{(T_0 s + 1)}\right] - K_0 \cdot z^{-N-1}\left[\frac{1}{s} - \frac{\tau_1}{(T_0 s + 1)}\right] \\
&= K_0 \cdot z^{-N}\left[\frac{1}{1 - z^{-1}} - \frac{1}{1 - e^{-T/T_0} z^{-1}}\right] - K_0 \cdot z^{-N-1}\left[\frac{1}{1 - z^{-1}} - \frac{1}{1 - e^{-T/T_0}}\right] \\
&= K_0 \cdot (1 - z^{-1}) z^{-N}\left[\frac{1}{1 - z^{-1}} - \frac{1}{1 - e^{-T/T_0} z^{-1}}\right] \\
&= K_0 \cdot z^{-N-1} \frac{(1 - e^{-T/T_0})}{1 - e^{-T/T_0} z^{-1}}
\end{aligned} \tag{5.3.10}$$

将此式代入式(5.3.9)可得

$$D(z) = \frac{(1 - e^{-T/T_0} z^{-1})(1 - e^{-T/T_\tau})}{K_0 (1 - e^{-T/T_0})[1 - e^{-T/T_\tau} z^{-1} - (1 - e^{-T/T_\tau}) z^{-N-1}]} \tag{5.3.11}$$

式中:T 为采样周期,对于特定对象而言 T_0 为确定不变的常数;T_τ 为选定的常数。

被控对象为带有纯滞后的二阶对象时,分析和设计过程类似。

3. 振铃现象及消除方法

值得注意的是,采用达林算法设计具有纯滞后环节的离散控制系统时,可能会出现振铃现象。所谓振铃(Ringing)现象,是指数字控制器的输出以 1/2 的采样频率大幅度上下摆动。一般来说,振铃现象对控制系统的稳态输出几乎没有影响,但它会使系统的执行机构磨损,甚至损坏。特别是在多变量耦合控制系统中,振铃现象还可能影响到整个控制系统的稳定性。因此,在控制系统的设计中,必须设法消除振铃现象。

1) 振铃现象的分析

由公式(5.3.8)可知,系统的输入 $R(z)$ 和数字控制器 $G_c(z)$ 之间的关系为

$$G_u(z) = \frac{U(z)}{R(z)} = \frac{G(z)}{G_0(z)} \tag{5.3.12}$$

$G_u(z)$ 是分析振铃的基础,对于单位阶跃输入函数 $R(z) = \frac{1}{1-z^{-1}}$ 而言,如果 $G_u(z)$ 的极点在 z 平面的负实轴上,且与 $z=-1$ 点相近,那么数字控制器 $G_c(z)$ 的输出序列 $u(k)$ 中将含有这两种幅值相近的瞬态项,而且瞬态项的符号在不同时刻是不同的。当两瞬态项符号相同时,数字控制器的输出控制作用加强,符号相反时,控制作用减弱,从而造成数字控制器的输出序列大幅度波动。分析 $G_u(z)$ 在 z 平面负实轴上的极点分布情况,就可分析振铃现象的有关情况。

在带纯滞后一阶惯性环节中,根据式(5.3.8)、式(5.3.10)、式(5.3.12)可得 $G_u(z)$,即

$$G_u(z) = \frac{G(z)}{G_0(z)} = \frac{z^{-N-1} \dfrac{-e^{-T/T_\tau}}{1-e^{-T/T_\tau}z^{-1}}}{K_0 \cdot z^{-N-1} \dfrac{(1-e^{-T/T_0})}{1-e^{-T/T_0}z^{-1}}} = \frac{-e^{-T/T_\tau}}{1-e^{-T/T_\tau}z^{-1}} \cdot \frac{1-e^{-T/T_0}z^{-1}}{K_0(1-e^{-T/T_0})} \tag{5.3.13}$$

可求得极点 $z = e^{-T/T_\tau}$,其中 T/T_τ 为指定常数,故该极点恒大于 0,因此没有振铃现象。

在带纯滞后二阶惯性环节中,根据公式(5.3.12)同理可求 $G_u'(z)$,即

$$G_u'(z) = \frac{(1-e^{-T/T_\tau})(1-e^{-T/T_1}z^{-1})(1-e^{-T/T_2}z^{-1})}{K_2 c_1 (1-e^{-T/T_\tau}z^{-1})(1-\dfrac{c_2}{c_1}z^{-1})} \tag{5.3.14}$$

极点 $z_1 = e^{-T/T_\tau}$,其中 T/T_τ 为指定常数,故该极点恒大于 0;但极点 $z_2 = -\dfrac{c_2}{c_1}$,其中,$\lim\limits_{T \to 0}(-\dfrac{c_2}{c_1}) = -1$,说明 z_2 有可能出现在靠近 $z=-1$ 的极点,因此 z_2 的存在会是系统产生振铃现象。

2) 振铃消除方法

方法一:找出 $G_c(z)$ 中引起振铃现象的因子($z=-1$ 附近的极点),然后令其中的 $z=1$。

方法二:选择合适的采样周期 T 及系统闭环时间常数 T_τ,使得数字控制器的输出避免产生强烈的振铃现象,实际上也是通过选择合适的 T 和 T_τ,调整 $G_c(z)$ 的极点。

5.4 比值控制系统

在各种生产过程中,时常需要保持两种物料的流量成一定比例关系,如果一旦比例失调,就会影响产品的质量,严重的甚至会造成生产事故。例如送入尿素合成塔的二氧化碳压缩气与液氨的流量要保持一定比例;又如在聚乙烯醇生产中,树脂和氢氧化钠必须以一定比例混合,否则树脂将会自聚而影响生产;再如在锅炉或加热炉的燃烧过程中,需要保持燃料量和空气量按一定比例进入炉膛,才能保持燃烧的经济性;造纸过程中,纸浆和水要成一定的比例关系,保证成纸质量;石化重油气化,重油和氧气量要成一定的比例关系,确保安全以及产品的质量。这种自动保持两个或多个参数之间的比例关系的控制系统就是比值控制所要完成的任务。

使一种物料随另一种物料按一定比例变化的控制系统称为比值控制系统。在需要保持比值关系的两种物料中,必有一种物料处于主导地位,这种物料称为主物料,表征这种物料的参数称主动量,或称为主流量,用 Q_1 表示。一般情况下,总是把生产中的主要物料作为主物料或者以不可控物料定为主物料。另一种物料按主物料进行配比,随主物料的变化而变化,因此称为从物料,表征这种物料的参数称为从动量,或称为副流量,用 Q_2 表示。比值控制系统就是要实现副流量与主流量成一定的比例关系,比值可以表示为

$$K = Q_2/Q_1$$

式中:K 为副流量和主流量的比值。

常用的比值控制系统结构有开环比值控制系统、单闭环比值控制系统、双闭环比值控制系统、变比值控制系统。

以如图 5.4.1 所示燃气炉燃烧器系统为例,该系统入口空气流量 Q_2 为操纵变量,当入口煤气流量 Q_1 变化时,通过测量变送使控制器 FC 的输出按比例变化,使得 Q_2 跟随 Q_1 比例变化,以保证最终质量。

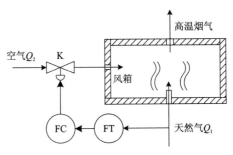

图 5.4.1 燃气炉燃烧器系统

5.4.1 开环比值控制系统

开环比值控制系统比较简单,其原理图与方框图如图 5.4.2 和图 5.4.3 所示。其中 FT 为检测变送器,FC 为比值控制器。在稳定状态时,两种物料的流量关系满足比例的要求。当主动量 Q_1(入口煤气流量)在某一时刻由于干扰作用而发生变化时,比值控制器按 Q_1 对设定值的偏差动作,按比例发出控制信号去改变调节阀的开度,从而使从动量 Q_2(入口空气流量)重新与变化后的 Q_1 保持原有的比例关系。

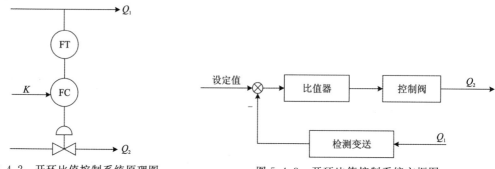

图 5.4.2 开环比值控制系统原理图　　图 5.4.3 开环比值控制系统方框图

当开环比值控制系统的主动量 Q_1 发生变化时,通过控制调节阀来调节从动量,从而使两种物料的流量在稳定工况下满足比例要求。该系统结构简单,适用于从物料比较稳定,且比值控制精度要求不高的场合。

当开环比值系统的从动量 Q_2 受到外界干扰而发生波动时,Q_1 与 Q_2 的比值关系将遭到破坏,系统对此无能为力。该系统的主动量或从动量由于缺少反馈回路均没有流量自控作用,无法验证比值控制的效果。

5.4.2 单闭环比值控制系统

为了克服开环比值控制系统的不足,在开环比值控制的基础上,增加了一个从动量的闭环控制回路,组成了单闭环比值控制系统,其原理图与方框图如图 5.4.4 和图 5.4.5 所示。

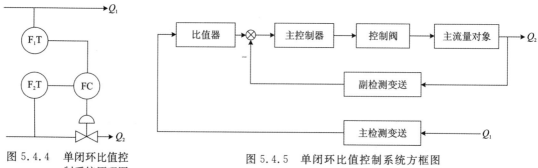

图 5.4.4 单闭环比值控制系统原理图　　图 5.4.5 单闭环比值控制系统方框图

在稳定状态下,两种物料保持 Q_1 与 Q_2 的比值关系。当主动量不变时,比值器的输出保持不变,此时从动量回路是一个定值控制系统,如果从动量 Q_2 受到干扰发生变化时,经过从动量回路的控制作用,把变化了的 Q_2 再调回到稳定值,维持 Q_1 与 Q_2 的比值关系不变。当主动量受到干扰发生变化时,比值器经过比值运算后其输出也相应发生变化。此时,从动量回路是一个随动控制系统,它将使从动量 Q_2 随着主动量 Q_1 的变化而成比例的变化,使变化后的 Q_2 和 Q_1 仍维持原来的比值关系不变。当主动量和从动量同时受到干扰发生变化时,从动量回路的控制过程是上述两种情况的叠加,不过从动量回路首先应满足 Q_2 随 Q_1 成比值关系的变化。

单闭环比值控制比开环比值控制要优越得多,它不但能使从动量跟随主动量的变化而变化,而且可以克服从动量本身干扰对比值的影响,从而实现了主、从动量精确的比值控制,所以在工程上得到广泛应用。

单闭环比值控制系统中主动量是不可控的,容易受到外界干扰。当主动量受到大的干扰或负荷大幅度波动时,从动量控制的设定值会跟随波动,导致副变量也会跟随这种波动而动态变化。这种动态变化可能使得这段时间内,主、从动量的比值会较大地偏离工艺要求的流量比,也就是很难保证 Q_2 与 Q_1 的动态比值。另外,由于主动量是可变的,从动量必然也是可变的,那么总的物料量是不固定的,这在有的生产过程中是不允许的。因此,单闭环比值控制系统不适合主回路负荷和扰动变化幅度大的场合。

5.4.3 双闭环比值控制系统

为了克服单闭环比值控制系统中主动量不受控制的缺点,对主动量也设置一个闭环控制回路,因而称为双闭环比值控制系统,其原理图和方框图如图 5.4.6 和图 5.4.7 所示。双闭环比值控制系统中,当主动量受到干扰发生波动时,主动量回路进行定值控制,使主动量始终稳定在设定值附近。而从动量回路是一个随动控制系统,主动量 Q_1 发生变化时,通过比值器的输出使从动量回路的设定值也发生改变,从而使从动量 Q_2 随着主动量 Q_1 的变化而成比例地变化。当从动量 Q_2 受到干扰时,和单闭环比值控制系统一样,经过从动量回路的调节,使从动量稳定在比值器输出值上。

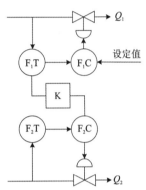

图 5.4.6 双闭环比值控制系统原理图

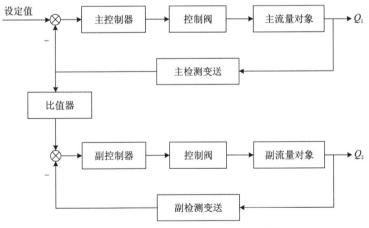

图 5.4.7 双闭环比值控制系统方框图

由于主流量控制回路的存在,实现了对主流量的定值控制,大大消除了主流量干扰的影响,主流量变得比较平稳。通过比值控制回路,副流量也比较平稳,即系统总负荷稳定,克服了单闭环比值控制系统的不足。此外,双闭环比值控制系统升降负荷比较方便,只需缓慢改变主流量控制器的设定值就可升降主流量,同时,副流量也自动跟踪升降并保持两者比值不变。

主、副流量控制回路通过比值器相互联系,当主流量进行定值控制后,其变化的幅值肯定大大地减小,但变化的频率往往会加快,使副流量控制器的设定值经常处于变化中,当它的频率和副流量回路的工作频率接近时,有可能引起共振,造成系统无法投入运行。因此,对主流量控制器进行参数整定时,应该尽量地保证其输出为非周期变化,从而防止产生共振。

由于引入了两个闭环回路,控制方案使用仪表较多,投资高,而且投运也比较麻烦。有时采用两个独立的单回路定值控制系统分别稳定主、副流量也可实现比值控制的目的。

5.4.4 变比值控制系统

变比值控制系统常常是以某种质量指标 Y 为主变量(或称为第三参数),以两流量的比值为副变量的串级控制系统,因此也称为串级比值控制系统,其方框图如图 5.4.8 所示。此方案可以按照一定工艺指标自动修正比值系数,从而扩大比值控制的应用范围。

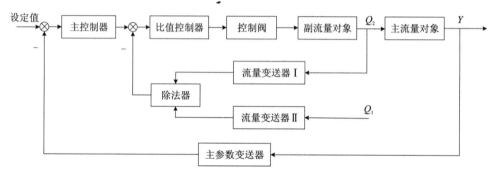

图 5.4.8 变比值控制系统方框图

系统在稳态时,主、副流量恒定,分别经测量变送器运算后送至除法器,其输出即为比值,同时作为比值控制器的测量信号。当 Q_1、Q_2 出现扰动时,通过比值控制回路保证比值一定,在扰动幅值不大时不影响主参数,或大大地减小扰动对主参数 Y 的影响。对于某些物料流量(如气体等),当出现除流量扰动外的温度、压力、成分等变化时,虽然它们的流量比值不变,由于真实流量与原来流量不同,所以 Y 仍然会偏离设定值,导致主控制器的输出产生变化,从而修正了比值控制器的设定值,即修正两流量的比值,使系统稳定在新的比值上。

可见,在变比值控制系统中,控制流量比值只是一种手段,而不是最终目的,第三参数 Y 往往是生产过程的质量指标。

5.4.5 比值控制系统的设计

前文介绍了比值控制系统的原理、特点及主要结构形式,我们还需要考虑何时选用何种比值控制系统。

1.比值控制系统类型的选择

在实际工程中,比值控制系统的类型主要有单闭环、双闭环和变比值三类。具体选择时应分析各种方案的特点,根据不同的工艺情况、负荷变化、扰动性质和控制要求等进行合理的选择。

(1)主动量不可控但可测量的场合,或是主动量可测又可控但变化不大且受到的扰动影响较小的场合可选用单闭环比值控制系统。

(2)主动量可测可控并且变化较大的场合,要求总生产能力或主、从动量的总量恒定的场合宜选用双闭环比值控制系统。

(3)当比值根据生产过程的需要由另一个控制器进行调节时,或是当质量偏离控制指标需要改变流量的比值时,或应根据第三过程变量选择过程的质量指标时(如烟道气中的氧含量),应采用变比值控制系统。

比值控制系统的实施方案有相乘和相除两类。一般情况下,宜选择相乘控制方案。采用计算机或 DCS 控制时,应选用相乘控制方案。相除控制方案会造成控制系统具有非线性特性,从而使得改变比值时系统变得不稳定。

2. 主动量和从动量的选择

在比值控制系统中,主动量和从动量的选择影响系统的产品质量、经济性和安全性。一般主、从动量的选取应遵循以下原则。

(1)贵重原则:对有显著贵贱区别的物料,应选择贵重物料为主动量。实现以贵重物料为主进行控制,其他非贵重物料根据控制过程需要增减变化。这样可以充分利用贵重物料以合理的成本完成生产过程。

(2)不可控原则:某物料不可控制时,该物料应选为主动量,其他为从动量。

(3)主导作用原则:在化工或制药工业中,经常将物料分为主料和辅料,生产围绕主料进行,辅料作为控制过程的调节物料。起主导作用的主料应选为主动量,其他物料为从动量。

(4)安全原则:从安全考虑,如该物料供应不足会导致生产不安全时,应选为主动量。例如蒸汽和甲烷进行甲烷转化反应时,由于蒸汽不足会造成析碳,因此应选择蒸汽作为主动量。

(5)从动量通常应供应有余。

3. 比值函数环节的选择

采用常规仪表实施比值控制系统时,需要选择有比值函数环节的仪表。根据比值控制系统类型的选择原则,比值控制系统宜采用相乘方案,因此比值函数环节可从乘法器、分流器加法器等仪表中选择。采用乘法器需要配套的恒流给定器,但比值系数设置的精度较高;分流器比较简单,可直接用电位器实施,但精度不高;加法器实施时,可直接用控制器的输入乘以比值系数,同样,设置比值系数的精度也不高。计算机控制装置或 DCS 实施比值控制时,仪表比值系数采用工艺比值系数直接设置,使用系统内部乘法运算或比值控制功能模块直接完成比值运算(采用相乘控制方案)。

5.5 选择性控制系统

在实际工业生产中,要求控制系统不仅能在不同的正常工况下工作,还能在事故发生状态下保证安全生产和基本控制质量。以往曾采用设置事故报警器或安装信号联锁装置等方法来减少损失,在突发事故时,进行报警或通过联锁装置停止工业生产活动,等故障解决后,重新启动生产。随着工业现场不断进步,生产限制条件增多、各关节逻辑关系变复杂,导致联锁易出现误判动作;同时快速的生产过程常在工作人员还未观察注意到时,事故就发生了,生产作业因此停止,进而造成巨大的经济损失。

针对上述问题,本节将介绍一种适用于该条件下的控制系统——选择性控制系统。它是将限制条件的逻辑关系叠加到自动控制系统上的一种控制方法,用于不同工况下系统的控制。这里提到的不同工况可以是正常工况和事故工况,也可以是不同状态的正常工况。为了方便描述,分别以正常工况和事故工况为例介绍选择控制系统。

5.5.1 选择性控制系统的基本原理

选择控制系统也被称作超驰控制系统或取代控制系统,其结构框图如图 5.5.1 所示。选择性控制是把生产过程中对某些工业参数的限制条件所构成的逻辑关系融入正常的控制系统中的组合控制方案。在不同工况下,系统分为正常控制部分和取代控制部分。正常工况下系统按原控制系统部分工作;取代控制部分作为非正常工况下的备用控制系统进入备用工作状态,不生效。当生产操作过程中某个参数趋于极限阈值时通过选择器切换到取代控制系统部分,取代正常工况下控制系统,待脱离极限条件回到正常工况后,再通过选择器切换至正常工况下控制系统。这种能自动切换的,且使控制系统在不同工况下均能工作的控制系统称作选择性控制系统。

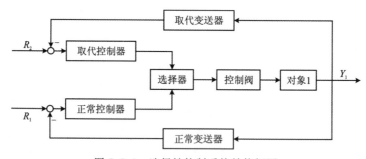

图 5.5.1 选择性控制系统结构框图

综上,选择性控制系统有以下特点:①生产操作上有一定的选择性规律;②工业过程由多个工况组成;③组成控制系统的各个环节中包含具有选择性功能选择单元。

5.5.2 选择性控制系统的常见类型

选择性控制系统根据选择器与控制器和变送器位置关系的不同,一般可分为以下两种。

1. 选择器输出位于控制器输出端,对控制器信号进行选择的系统

系统位于正常工况时,正常控制器的输出信号控制调节阀,取代控制器处于开路状态;系统位于非正常工况时,取代控制器对系统进行控制,正常控制器处于开路状态;一旦生产状况恢复正常,选择器进行自动切换,重新由正常控制器来控制生产的正常进行。

以如图 5.5.2 所示的锅炉蒸汽压力控制系统为例。由锅炉工艺要求可知,锅炉输出的蒸汽压力要求稳定,单回路锅炉蒸汽压力控制系统根据蒸汽出口压力控制燃气量,如果蒸汽用量大幅度变化,蒸汽压力控制系统会使燃气阀门开度大幅变化。但要注意的一点是煤气压力过高会发生火焰脱离现象,即脱火,也称"吹熄",即未燃可燃气体喷离火口的运动速度大于火焰传播速度,火焰被吹熄灭的现象。

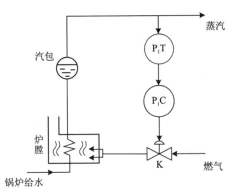

图 5.5.2 单回路锅炉蒸汽压力控制系统

为了防止脱火,增加一个燃气高压保护控制回路。如图 5.5.3 所示,P_2T 测燃气压力,P_2C 的设定值为燃气高压上限值,当燃气压力低于上限值时,P_2C 输出高值信号,且用低值选择器选择两个控制信号中较低的一个,作为阀门的控制信号。

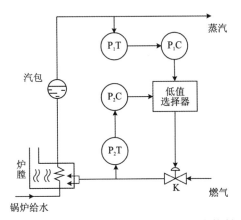

图 5.5.3 加入低值选择器后的锅炉蒸汽压力控制系统

当 P_2C 输出高值时,低值选择器选中 P_1C 作为输出。当压力超过 P_2C 给定值时,P_2C 输出低值,低值选择器选中 P_2C 作为输出。

在蒸汽压力定值控制系统与燃气高压自动保护的选择控制过程中,如果因蒸汽负荷很低,导致燃气流量过低,会出现回火现象,也必须加以防止。所谓回火现象是指当燃气喷离火孔的速度小于燃烧速度时,火焰就会缩入燃烧器内部,形成不完全燃烧,甚至熄灭的现象。脱火和回火都是非正常的燃烧现象。

如图 5.5.4 所示,在加入高值选择器的锅炉蒸汽压力控制系统中再增加一个包括 P_3T 和 P_3C 的燃气低压保护控制回路。P_3C 的设定值为燃气压力下限值,当燃气压力低于下限值时,P_3C 输出高值信号,被高值选择器选中。当燃气压力高于下限值时,P_3C 输出低值信号,不会被高值选择器选中。

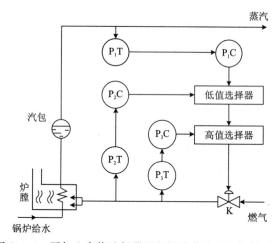

图 5.5.4　再加入高值选择器后的锅炉蒸汽压力控制系统

2.选择器位于控制器之前,对变送器输出信号进行选择的系统

如图 5.5.5 所示,加热炉温度选择性控制系统具有多个变送器,且变送器共用一个选择器;选择器装在控制器之前,对变送器输出信号进行选择,实现对被控量测量值的选择;用于多个被控变量的给定值、控制规律都一样的场合;目的在于选出最高或者最低的测量值或最可靠的测量值。

加热炉内各点温度不同,与温度场的分布有关。为保证炉体设备的安全,有时会在炉顶设置多个温度检测点(图 5.5.5 中以 3 个温度检测点为例),其中最高温度值不得超过设定的极限值,所以,将此多点温度测量信号接入高值选择器,最高温度信号经高值选择器作为输出信号,并送给炉温控制器。这样,即构成了加热炉温度选择性控制系统。温度控制器的输出作为流量控制器的设定值,从而实现了对炉顶多点温度的选择性控制。这类选择性控制系统至少有两个变送器,由选择器选择符合生产要求的某变送器输出信号送给控制器,系统按其与设定值之间的偏差进行控制。

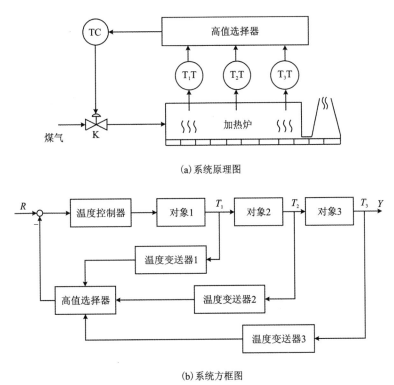

(a) 系统原理图

(b) 系统方框图

图 5.5.5 加热炉温度选择性控制系统

5.5.3 选择性控制系统的设计

选择性控制系统的设计包括控制器控制规律选择及参数整定,控制阀气开、气关方式选择,控制器的选型,选择器的选型等问题。

1. 控制器控制规律选择及参数整定

(1)对于正常控制器,由于有较高的控制精度要求,可用 PI 调节或 PID 调节。

(2)对于取代控制器,一般只要求它迅速发挥保护作用,可用 P 调节。

(3)进行参数整定时,二者分别工作,可以按照单回路系统的参数整定方法进行整定。

(4)取代控制器运行时,比例度应该整定得小一点;采用积分控制时,积分控制要弱一点。

(5)选择性控制系统运行中,无论在正常工况下,还是在非正常工况下,总是有控制器处于开环待命状态,由于设定值与实际值之间存在偏差,只要有积分作用就会使控制器的输出达到最大或最小,产生积分饱和现象,可采用限幅法、外反馈法、积分切除法等方法来加以克服。

2. 选择器的类型

选择器是选择性控制系统的重要环节,有高值选择器和低值选择器两种。前者选择高值信号作为输出,后者选择低值信号通过。在选择器选型时,首先,根据控制阀的选择原则,确定控制阀的气开、气关作用方式。然后,确定控制器的正、反作用。最后,根据生产处于不正常情况时,取代控制器的输出信号为高值或低值来确定选择器的类型,如果取代控制器的输出信号为高值,则选用高值选择器;如果取代控制器的输出信号为低值,则选用低值选择器。

3. 应用案例

如图 5.5.6 所示的氨冷却器出口温度与液氨液位选择性控制系统,在正常工况下,操纵液氨流量使被冷却物料的出口温度得到控制,液位在允许的一定范围内变化。图中 $L_{\max}$ 为冷却器液位设定最大值,T_0 为出口温度设定值。通过分析可做出如下选择:

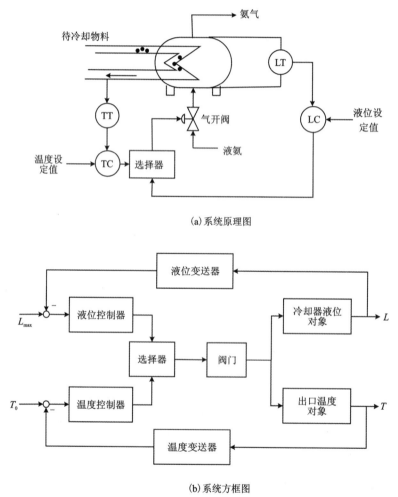

(a) 系统原理图

(b) 系统方框图

图 5.5.6 氨冷却器出口温度与液氨液位选择控制系统

为防止液氨液位上升超出阈值而造成安全事故,控制阀应选择气开式,即断气时,控制阀处于关闭状态,液位不会上升。

物料出口温度是工艺要求指标,温度控制器是正常情况下工作的控制器,由于温度对象的容量滞后比较大,所以选 PID 控制规律。系统中液位控制器为非正常情况下工作的控制器,为了在液位上升到安全限度时,液位控制器能迅速投入工作,液位控制器应选用比例控制规律。

当选择器选中温度控制器的输出时,系统构成一个单回路温度控制系统。在本系统中,当控制变量(液氨流量)增大时,物料出口温度会下降,故温度控制对象为反作用过程。又因为控制阀已选为气开式,且温度检测变送器也为正作用过程,所以温度控制器必须选用正作用。

当选择器选中液位控制器的输出时,则构成一个单回路液位控制系统。在该系统中,当控制变量(液氨流量)增大时,液氨液位将上升,故液位控制对象为正作用过程。已知控制阀为正作用过程,且液位检测变送器也为正作用过程,因此,液位控制器必须取反作用。

由于液位控制器是非正常情况下工作的控制器,且是反作用,则在正常情况下,液位低于上限值,其输出为高信号。一旦液位上升到大于上限值,液位控制器输出迅速跌为低信号,为保证液位控制器输出信号这时能够被选中,选择器必须选低值选择器,从而可防止事故发生。

课后习题

1. 什么是串级控制系统?与单回路控制系统相比,它有哪些主要特点?并绘制其一般结构框图。

2. 根据串级系统的特点,试分析串级控制系统的应用场合,即分析在生产过程具有什么特点时,采用串级控制系统最能发挥它的作用。

3. 下图为精馏塔塔釜温度与蒸汽温度的串级控制系统。生产工艺要求一旦发生重大事故,应立即停止蒸汽的供应。要求:

(1) 画出控制系统框图。

(2) 确定调节阀的气开、气关形式。

(3) 确定主、副控制器的正、反作用方式。

(4) 若主控制器采用 PID 控制,副控制器采用 P 控制,按 4∶1 衰减曲线法测得 $\delta_{1s}=70\%$,$T_{1s}=8\min$,$\delta_{2s}=36\%$,$T_{2s}=15s$,请采用两步整定法求主、副控制器的整定参数。

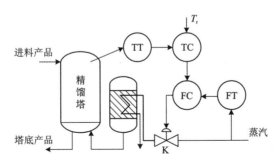

4. 前馈控制主要应用在什么场合?

5. 下图为锅炉给水控制系统,该系统的控制任务是使给水量适应锅炉的蒸发量。要求:

(1)请分析该系统的被控参数与主要扰动。

(2)请分析前馈信号与串级回路主副参数并画出前馈-串级控制系统框图。

(3)已知该系统的过程控制通道传递函数为 $G_0(s) = \dfrac{K_0}{(T_1s+1)(T_2s+1)}e^{-\tau_0 s}$,干扰传递通道传递函数为 $G_f(s) = \dfrac{K_f}{(T_fs+1)(T_2s+1)}e^{-\tau_f s}$,试写出前馈控制器传递函数,并讨论其实现的可行性。

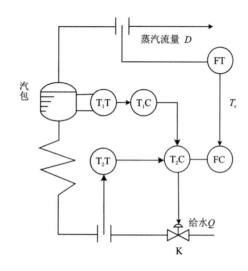

6. Smith 预估控制方案能否改善或消除过程大纯滞后对系统品质的不利影响?为什么?

7. 下图带时滞的单回路控制系统中,其传递函数为

$$\frac{Y(s)}{R(s)} = \frac{G_c(s)G_0(s)e^{-\tau_0 s}}{1+G_c(s)G_0(s)e^{-\tau_0 s}}。$$

(1)请在控制回路内部加入 Smith 预估补偿器 $G_s(s)$,画出 Smith 预估补偿控制系统框图。

(2)请计算 Smith 预估补偿控制系统的 $\dfrac{Y(s)}{R(s)}$。

8. 什么叫比值控制系统?其类型有哪些?

9. 有一双闭环控制系统如下图所示。若采用 DDZ-Ⅲ型仪表和相乘方案来实现。已知 $Q_{1\max} = 7000 \text{kg/h}, Q_{2\max} = 4000 \text{kg/h}$。

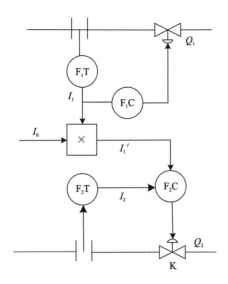

(1) 画出系统方框图。
(2) 若已知 $I_0 = 18\text{mA}$,求该比值系统的比值 k、比值系统的 K 分别为多少?
(3) 待该比值系统稳定时,测得 $I_1 = 10\text{mA}$,试计算此时 I_2 为多大。

10. 什么是选择性控制?

11. 选择性控制系统有哪些类型?

12. 什么是积分饱和现象? 在选择性控制系统的设计中怎样防止积分饱和现象?

13. 采用高位槽向用户供水时,为保证供水流量的平稳,要求对高位槽出口流量进行控制,如下图所示。但是为了防止高位槽水位过高而造成溢水事故,需对液位采取保护措施。根据上述工艺要求,设计一个连续型选择性控制系统。要求:

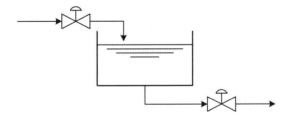

(1) 画出选择性控制系统框图。
(2) 确定系统中调节阀的气开、气关形式。
(3) 确定系统中控制器的正、反作用形式。
(4) 确定选择器类型,并简述该系统的工作原理。

第 6 章 先进过程控制方法

随着现代过程工业朝着大型化和复杂化的方向发展，控制精度要求也越来越高，越来越多具有非线性、强耦合、大滞后特点的对象需要被准确控制。传统的单回路系统、串级、比值、前馈、选择等策略针对这些对象难以达到预期效果，基于现代控制理论的先进过程控制（advanced process control，APC）应运而生。

本书描述的先进过程控制方法主要指基于模型的控制策略，其基本思想是根据系统状态变量建立模型进行控制系统设计。除了基于模型的控制之外，基于人工智能和数据驱动的控制方法，近些年也发展很快，限于篇幅的原因，本书就不专门展开描述了。相比于第 4 章和第 5 章介绍的常规单回路控制和复杂控制方法，先进过程控制方法常用于处理复杂的多变量控制问题，使控制系统满足实际工业生产过程的生产要求和动态特性。本章以其中具有代表性的预测控制、自适应控制、学习控制为例进行介绍。

6.1 预测控制方法

预测控制（predictive control）最早于 20 世纪六七十年代提出，并在之后相继发展了模型预测启发式控制（model predictive heuristic control，MPHC）、模型算法控制（model algorithmic control，MAC）、动态矩阵控制（dynamic matrix control，DMC）、广义预测控制（generalized predictive control，GPC）等多种预测控制方法。

预测控制不仅利用当前时刻与过去时刻的偏差值，而且还利用预测模型来预估过程未来的偏差值，以滚动优化确定当前的最优输入策略。工业过程存在的参数不确定性等因素导致难以获取精确的数学模型，预测控制能够根据反馈对模型进行在线修正，从而能在模型建模精度不高的情况下实现高质量控制。此外，预测控制能直接处理具有纯滞后的过程，具有良好的跟踪性能和较强的抗干扰能力。

6.1.1 预测控制基本原理

预测控制首先通过工业过程脉冲响应或阶跃响应曲线的一系列采样值建立描述过程动态特性的预测模型，预测将来某段时间内的输出；再以控制约束和预测误差的二次目标函数极小化为目标，得到当前和未来几个采样时刻的最优控制规律。在下一采样周期，利用最新数据，重复上述优化计算过程。

预测控制的基本原理可以用图 6.1.1 进行说明,图中 y_{sp} 代表设定值,$y_r(k)$ 代表输出的期望曲线。以 $t=k$ 作为当前时刻,$t<k$ 的时刻即左边曲线代表过去的输出与控制。根据已知的对象模型可以预测出对象在未来 P 个时刻的输出。预测算法就是要根据预测输出 $y_p(k)$ 与期望输出 $y_r(k)$ 的差 $e(k)$ 计算当前及未来 m 个时刻的控制量 $u(k)$,使 $e(k)$ 达到最小,其中 P 是预测步长,m 是控制步长,$m \leqslant P$。

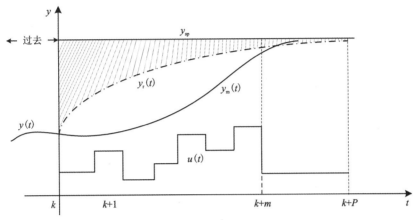

图 6.1.1 预测控制基本原理

预测控制与传统的 PID 控制不同,传统的 PID 控制是根据过程当前和过去的输出测量值和设定值的偏差来确定当前的控制输入;而预测控制不但利用当前和过去的偏差值,而且还利用预测模型来预估过程未来的偏差值,以滚动确定当前的最优输入策略。因此从基本思想看,预测控制优于 PID 控制。

预测控制的结构可以用图 6.1.2 表示,图中 $u(\cdot)$ 为优化控制规律,$y(\cdot)$ 为过程模型预测输出,$y_m(\cdot)$ 为预测模型预测输出,$y_p(g)$ 为反馈校正后的输出,y_{sp} 为设定值。

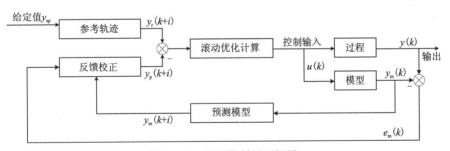

图 6.1.2 预测控制原理框图

由上述原理框图可知预测控制由预测模型、参考轨迹、滚动优化计算、反馈校正等构成。算法过程可以分为以下三步:首先,在当前采样时刻 k,基于过程模型预测未来有限时域的模型输出 $y_m(k+i)$,其中 $i=1,2,\cdots,P$;然后,根据检测到的输出误差 $e_m(k)$ 即时修正模型预测输出 $y_m(k+i)$;最后,将校正后的预测输出 $y_p(k+i)$ 与参考轨迹 $y_r(k+i)$ 进行比较,在各种约束条件下(如对控制量、输出等)计算控制量 $u(k)$,使未来有限时域的预测输出误差最小。

预测控制对数学模型要求不高、能直接处理具有纯滞后的过程、良好的跟踪性能和较强的抗干扰能力、对模型偏差具有较强的鲁棒性等优点。目前,预测控制在实际工业过程中已得到广泛重视和应用,而且未来还会获得更大的发展。

6.1.2 参考轨迹

由于任何物理系统的输出都是不能跳变的,预测控制中考虑到过程的动态特性,为避免过程输出的急剧变化,往往要求过程输出沿着事先指定的一条随时间而变化的轨迹达到设定值,这条轨迹就是参考轨迹。预测控制的目的就是通过控制量使输出量尽可能接近给定的参考轨迹。

参考轨迹可以采用不同形式表示,通常采用一阶指数曲线形式,因为一般来说这样的曲线的响应性能较好。设过程输出的设定值为 y_{sp},参考轨迹为 y_r,则以 k 时刻实际输出为起始,y_r 在未来 P 个时刻的值为

$$\begin{cases} y_r(k+i) = \alpha^i y(k) + (1-\alpha^i) y_{sp} \\ y_r(k) = y(k) \end{cases} \quad i = 1, 2, \cdots, p \quad (6.1.1)$$

式中:$\alpha = e^{-T/T_t}$;T 为采样周期;T_t 为参考轨迹的时间常数。

可见,这种形式的参考轨迹将减小过量的控制作用,使系统的输出能平滑地到达设定值。而且,参考轨迹的时间常数 T_t 越大,α 越大,参考轨迹也越平滑,鲁棒性也越强,但是到达设定值的时间也越长,即控制的快速性变差。因此,α 是预测控制中的一个重要设计参数,需要兼顾快速性和鲁棒性,需要在两者兼顾平衡的原则下预先设计和在线调整 α 的值。

6.1.3 预测模型

在预测控制算法中,需要一个描述对象动态行为的模型,用于预测系统未来的动态,能够根据系统的当前信息和未来的控制输入预测其未来的输出值,进而达到调整优化控制输入使输出最大限度地接近期望输出的目标,因此称之为预测模型。预测模型通常包括:卷积模型(包括阶跃响应模型以及脉冲响应模型)、机理模型(包括状态空间模型和传递函数模型)、模糊模型、人工神经网络模型、混沌模型等。

一般来说,预测控制适用于渐近稳定的工业过程,本节仅讨论渐近稳定的被控过程,以单输入单输出系统为例,并以最基本的预测模型——卷积模型说明利用预测模型预测系统输出的过程。

1. 阶跃响应模型

对于一个渐近稳定的被控过程(具有自衡能力),通过实验方法测定其阶跃响应曲线或脉冲响应曲线。假设某一渐近稳定对象的单位阶跃响应曲线如图 6.1.3 所示,设采样周期为 T,对每一个采样时刻 jT,有一个对应的阶跃响应值 $\hat{y}_a(j)$ ($j = 1, 2, \cdots, N$),这 N 个阶跃响应值构成了被控对象的阶跃响应动态系数向量,其中 N 称为截断步长,表示从 $t=0$ 到变化已趋向稳定的时刻 t_N 中的采样次数;$\hat{y}_a(s)$ 表示足够接近阶跃响应稳态的输出。

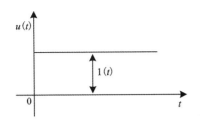 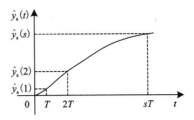

图 6.1.3 阶跃响应

假定当前时刻为 k,预测模型的输出为 y_m,则根据线性系统的叠加原理,预测系统在一个阶跃响应 $\Delta u(k)$ 作用下未来时刻的输出为

$$
\begin{aligned}
y_m(k+1) &= y_0(k+1) + \hat{y}_a(1)\Delta u(k) \\
y_m(k+2) &= y_0(k+2) + \hat{y}_a(2)\Delta u(k) \\
&\vdots \\
y_m(k+N) &= y_0(k+N) + \hat{y}_a(N)\Delta u(k)
\end{aligned} \tag{6.1.2}
$$

其中,$y_0(k+i)(i=1,2,\cdots,N)$ 表示控制作用不变时系统输出的初始预测值。将式(6.1.2)描述为向量形式为

$$\bm{Y}_m(k+1) = \bm{Y}_0(k+1) + \bm{A}\Delta u(k) \tag{6.1.3}$$

其中,

$$\bm{Y}_m(k+1) = [y_m(k+1), y_m(k+2), \cdots, y_m(k+N)]^T \tag{6.1.4}$$

$$\bm{Y}_0(k+1) = [y_0(k+1), y_0(k+2), \cdots, y_0(k+N)]^T \tag{6.1.5}$$

$$\bm{A} = [\hat{y}_a(1), \hat{y}_a(2), \cdots, \hat{y}_a(N)]^T \tag{6.1.6}$$

若施加在系统的控制增量在 k 时刻之后未来的 M 个采样间隔均变化,即 $\Delta u(k),\Delta u(k+1),\cdots,\Delta u(k+M-1)$,则系统未来 P 个时刻的预测模型输出为

$$
\begin{aligned}
y_m(k+1) &= y_0(k+1) + \hat{y}_a(1)\Delta u(k) \\
y_m(k+2) &= y_0(k+2) + \hat{y}_a(2)\Delta u(k) + \hat{y}_a(1)\Delta u(k+1) \\
&\vdots \\
y_m(k+P) &= y_0(k+P) + \hat{y}_a(P)\Delta u(k) + \hat{y}_a(P-1)\Delta u(k+1) + \\
&\quad \cdots + \hat{y}_a(P-M+1)\Delta u(k+M-1)
\end{aligned} \tag{6.1.7}
$$

即

$$y_m(k+i) = y_0(k+i) + \sum_{j=1}^{M} \hat{y}_a(i-j+1)\Delta u(k+j-1), i=(1,2,\cdots,P) \tag{6.1.8}$$

$$\Delta u(k+j-1) = u(k+j-1) - u(k+j-2) \tag{6.1.9}$$

将式(6.1.8)描述为向量形式为

$$\bm{Y}_m(k+1) = \bm{Y}_0(k+1) + \bm{A}\Delta \bm{U}(k) \tag{6.1.10}$$

其中,

$$\Delta \bm{U}(k) = [\Delta u(k), \Delta u(k+1), \cdots, \Delta u(k+M-1)]^T \tag{6.1.11}$$

$$A = \begin{bmatrix} \hat{y}_a(1) & & & \\ \hat{y}_a(2) & \hat{y}_a(1) & & 0 \\ \vdots & \vdots & \ddots & \\ \hat{y}_a(P) & \hat{y}_a(P-1) & \cdots & \hat{y}_a(P-M+1) \end{bmatrix}_{P \times M} \quad (6.1.12)$$

$$Y_m(k+1) = [y_m(k+1), y_m(k+2), \cdots, y_m(k+P)]^T \quad (6.1.13)$$

$$Y_0(k+1) = [y_0(k+1), y_0(k+2), \cdots, y_0(k+P)]^T \quad (6.1.14)$$

M 为控制时域长度，P 为优化时域长度，通常 M 和 P 满足 $M \leqslant P \leqslant N$。

2.脉冲响应模型

假设某一渐近稳定对象的单位脉冲响应曲线如图 6.1.4 所示，设采样周期为 T，对每一个采样时刻 jT，有一个对应的脉冲响应值 $\hat{y}_h(j)$ $(j=1,2,\cdots,N)$，其中 N 同样是截断步长，表示从 $t=0$ 到变化已趋向稳定的时刻 t_N 中的采样次数。

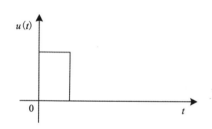
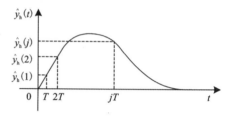

图 6.1.4　脉冲响应

对于图 6.1.4 所示的脉冲响应情况，被控系统的脉冲响应模型为

$$y_m(k+i) = \sum_{j=1}^{N} \hat{y}_h(j) u(k+i-j), i=1,2,\cdots,P \quad (6.1.15)$$

其中，$\{\hat{y}_h(j)\}(j=1,2,\cdots,N)$ 为系统的单位脉冲响应模型。假设在 k 时刻需要预测 $k+1,\cdots,k+P$ 时刻的输出值，且为了避免系统响应剧烈波动，限制控制作用的控制时长为 M 步（$M \leqslant P$），即 M 步后的控制作用不变

$$u(k+M-1) = u(k+M) = u(k+M+1) = \cdots = u(k+P-1) \quad (6.1.16)$$

由此可得到从 $k+1$ 到 $k+P$ 时刻的输出预测向量为

$$Y_m(k+1) = HU(k) + Y_M^{Zi}(K \mid k) \quad (6.1.17)$$

其中，$Y_M^{Zi}(K \mid k)$ 是零输入时的预测输出向量，即控制作用未发生变化时的预测输出，$Y_m(k+1)$ 为 k 时刻预测的 $k+i$ 时刻输出值，表达式为

$$Y_m(k+1) = [y_m(k+1), y_m(k+2), \cdots, y_m(k+P)]^T \quad (6.1.18)$$

$$U(k) = [u(k), u(k+1), \cdots, u(k+M-1)]^T \quad (6.1.19)$$

$$H = \begin{bmatrix} \hat{y}_h(1) & 0 & \cdots & 0 \\ \hat{y}_h(2) & \hat{y}_h(1) & \cdots & 0 \\ \vdots & \vdots & \ddots & \vdots \\ \hat{y}_h(P) & \hat{y}_h(P-1) & \cdots & \hat{y}_h(P-M+1) \end{bmatrix}_{P \times M} \quad (6.1.20)$$

$$\boldsymbol{Y}_M^{Zi}(K\mid k) = \begin{bmatrix} \hat{y}_h(2) & \hat{y}_h(3) & \cdots & \hat{y}_h(N) \\ \hat{y}_h(3) & \cdots & \hat{y}_h(N) & 0 \\ \vdots & \vdots & \vdots & \vdots \\ \hat{y}_h(P+1) & \cdots & \hat{y}_h(N) & 0 \end{bmatrix} \begin{bmatrix} u(k-1) \\ u(k-2) \\ \vdots \\ u(k-N+1) \end{bmatrix} \quad (6.1.21)$$

式(6.1.10)和式(6.1.17)是分别根据阶跃响应和脉冲响应得到的在 k 时刻的预测模型，它们依赖于过程的内部特性，而与过程在 k 时刻的实际输出无关，所以是基于非参数模型的开环预测模型。显然，当被控过程存在随机干扰或不确定性、非线性等因素时，预测模型的输出与过程的实际未来输出之间存在偏差，不能满足控制精度要求。为此，需要采用反馈修正的方法对上述开环预测模型进行修正。

6.1.4 反馈校正

考虑到实际对象时变、非线性及随机干扰等因素，预测模型的预测输出值与被控对象的实际输出值之间不可避免地存在误差，因此需要对上述开环模型进行修正。预测控制中通常采用一种反馈修正的方法，即闭环检测，将输出的测量值 $y(k)$ 与模型的预估值 $y_m(k)$ 进行比较，得出模型的预测误差 $e_m(k)$，通过不断减小输出误差 $e_m(k)$ 即时修正模型预测输出 $y_m(k+i)$。

由于对模型施加了反馈校正的过程，预测控制具有很强的抗扰动和克服系统不确定性的能力。设闭环输出补偿预测模型为 $Y_P(k+1)$，则在 k 时刻，预测出后面 P 个步长时的误差补偿模型为

$$\boldsymbol{Y}_p(k+1) = \boldsymbol{Y}_m(k+1) + \boldsymbol{H}_0 [y(k) - y_m(k)] \quad (6.1.22)$$

式中：$\boldsymbol{Y}_p(k+1) = [y_p(k+1), y_p(k+2), \cdots, y_p(k+p)]^T$；$\boldsymbol{H}_0 = [1, 1, \cdots, 1]^T$；$y(k)$ 代表 k 时刻实际过程的输出测量值；$y_m(k)$ 代表 k 时刻预测模型的输出值。

由式(6.1.22)可见，由于引入了反馈校正，所以每一时刻的预测偏差 $y(k) - y_m(k)$ 都将在下一时刻预测中得到修正，这样能够有效克服模型的不精确性和系统中存在的不确定性所造成的不利影响，并结合滚动优化过程，不断根据系统的实际输出对预测输出做出修正，有效克服模型的不精确性和系统中的扰动不确定性。

6.1.5 滚动优化

预测控制是一种最优控制策略，在每一个时刻 k，确定从该时刻起最优的 M 个控制增量，使被控对象未来 P 个时刻的输出预测值尽可能接近给定的期望值，即实现目标轨迹的跟踪。此外，在控制过程中还希望控制增量不要剧烈变化，这一因素可在优化性能指标中予以考虑。因此，k 时刻的优化性能指标可取为

$$J_P = \sum_{i=1}^{P} \eta_i [y_p(k+i) - y_r(k+i)]^2 + \sum_{i=1}^{m} \lambda_i [\Delta u(k+j-1)]^2 \quad (6.1.23)$$

式中：η_i、λ_i 分别为输出预测误差和控制量的非负加权系数，η_i、λ_i 取值不同表示未来各时刻的误差及控制量在目标函数 J_P 中所占比重不同，对应的计算方法和解出的最优控制策略，也就是控制序列 $u(k+i)(i=1,2,\cdots,m)$ 也不同。其他符号含义同前。

由于外部干扰和模型不确定性的影响,并且考虑到预测时域的有限性,将求解优化问题得到的最优控制序列全部作用于系统是不切实际的。因此在预测控制中采用滚动优化策略,将每个采样时刻对应优化解的第一个分量作用于系统。也就是说,在 k 时刻将优化解 U_k^* 的第一个分量 $u^*(k)$(即当前时刻的预测控制输入)作用于系统,在时刻 $k+1$,以新得到的测量值 $y(k+1)$ 为初始条件重新预测系统未来输出并求解最佳输入控制序列 U_{k+1}^*,将新得到优化解的第一个分量 $u^*(k+1)$ 作用于系统。经过反复迭代,随着"当前时间"的向前推移,预测时域也不断向前滚动,即在 k 时刻预测时域范围为 $[k+1,k+P]$ 的系统动态;在 $k+1$ 时刻预测时域范围为 $[k+2,k+P+1]$ 的系统动态;在 $k+2$ 时刻预测时域范围为 $[k+3,k+P+2]$ 的系统动态。

由于预测控制不是采用不变的全局优化目标,而是采用时间向前滚动式的有限时域优化策略,这意味着优化过程必定是反复在线进行的。滚动迭代的策略可以顾及模型的时变、干扰、失配等因素引起的不确定性并及时进行校正弥补,将实际测量值作为下一次预测的初始条件使保持控制最优成为可能。因此预测控制滚动迭代优化的特性使其更适应于复杂的工业环境中,比建立在理想条件下的最优控制更加实际与有效。

预测控制系统基本思想是首先预测被控过程未来的输出,再确定当前时刻的控制 $u(k)$,是先预测后控制,明显优于先有输出反馈、再产生控制作用 $u(k)$ 的经典 PID 控制系统。只要针对具体对象,选择合适的加权系数 η_i、λ_i 和预测长度 P、控制(时域)M 以及平滑因子 α,就可获得很好的控制效果。预测控制系统中的每一步的预测步骤如图 6.1.5 所示。

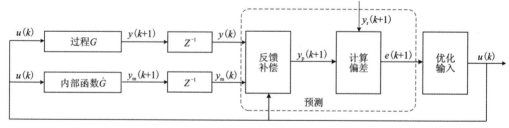

图 6.1.5 预测控制系统中的单步预测步骤

6.1.6 其他预测控制方法

1.预测函数控制

预测函数控制(predictive function control, PFC)是在预测控制的基础上发展起来的一种新颖的控制算法,具有预测控制的三个基本特征,即预测模型、滚动优化、反馈校正。此外,传统预测控制算法在通过优化过程计算未来的控制作用时并未注意到控制量的结构性质,而 PFC 将控制输入的结构视为关键,基于控制对象的性质和设定值轨迹将每一时刻加入的控制输入看作若干事先选定基函数的线性组合。当过程模型已知时,系统的输出就是基函数作用于对象响应的加权组合,而对象的响应可以离线计算得到,这种机制使其在线计算量大大减小。通过在线优化可求出这些线性加权系数,进而可计算得到未来的控制输入。

PFC具有算法简单、计算量小、跟踪快速以及精度高的特点,其中基函数、预测模型、滚动优化、反馈校正以及控制量计算是PFC算法基本原理中的重要组成部分。

2. 广义预测控制

广义预测控制(generalized predictive control,GPC)是在自适应控制的研究中发展起来的另一类预测控制算法,针对随机离散系统提出,同样具有预测模型、滚动优化、反馈校正三个主要特征。其新颖之处有两点:①GPC以预测模型为基础,采用二次在线滚动优化性能指标和反馈校正的策略,来克服受控对象建模误差和结构、参数与环境等不确定性因素的影响,有效地弥补现代控制理论对复杂受控对象所无法避免的不足之处。②GPC以受控自回归积分滑动平均模型(controlled auto-regressive integrated moving average,CARIMA)为基础,采用长时段的优化性能指标,结合辨识和自校正机制,降低了对基础模型的要求,提高了控制的鲁棒性,在实际工业应用过程中具有十分现实的意义。

3. 鲁棒预测控制

鲁棒预测控制(robust predictive control,RPC)是一种针对系统中存在外部不确定性(外部干扰)和内部不确定性(测量误差、参数估计误差等)的情况下实现系统稳定与优化的预测控制方法。RPC的核心思想在于将系统的不确定性和扰动建模为参数不确定的线性或非线性模型,并利用这些模型进行预测。并且在优化过程中采用在线求解一个最大最小化问题(minimax problem)替代最小化问题,这个优化问题描述的是控制输入与不确定性之间的博弈,即实现控制输入使目标函数最小化而不确定性阻止目标函数最小化之间的平衡问题。正是由于考虑了系统不确定性和扰动情况,鲁棒预测控制更能适应于复杂环境中的控制应用,实现更好的控制性能。

6.2 自适应控制方法

任何一个实际系统都具有不同程度的不确定性,这些不确定性有时表现在系统内部,有时表现在系统外部。从系统内部讲,描述被控对象数学模型的结构和参数不可能确切得到;从系统外部讲,随机不可预测性扰动的数学统计特性未知。面对这些客观存在的各式各样的不确定性,自适应控制应运而生,它能够根据复杂过程的动态变化和干扰的特征来修改其控制行为,使某一指定的性能指标达到并保持最优或近似最优。因此,如何设计一个可以修正自己特性以适应对象和扰动动态变化的控制系统,是本节着重讨论的问题。

6.2.1 自适应控制概述

广义地讲,如果在控制系统的运行过程中,系统本身能够不断测量被控系统的状态、性能和参数从而做出决策,来改变控制系统的结构和参数或者是根据某种规律改变控制作用,以保证系统运行在某种意义下的最优或次优状态,就可以认为这个控制系统具有自适应性。参数、结构调整机制的存在,使自适应控制器具有强非线性,导致自适应控制系统难以处理这些问题。一般来说自适应控制系统可以被认为有两个回路,一个回路是过程和控制器之间的正常反馈,另一个回路是参数调整回路。图 6.2.1 展示了自适应控制系统的双回路结构。

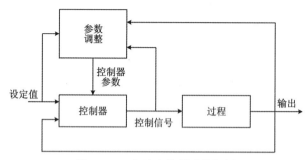

图 6.2.1　自适应控制系统框图

设被控对象可用非线性微分方程描述为

$$\begin{aligned}\dot{x}(t) &= f[x(t), u(t), \pmb{\theta}, t]\\ y(t) &= h[x(t), u(t), \pmb{\theta}, t]\end{aligned} \quad (6.2.1)$$

式中:$x(t)$ 为系统的 n 维状态变量;$u(t)$ 为系统的 m 维输入向量;$y(t)$ 为系统的 r 维输出向量;$\pmb{\theta}$ 为未知的 s 维参数向量。

将上述方程线性化和离散化,再考虑扰动和噪声的影响即可得到

$$\begin{aligned}x(k+1) &= \pmb{\Phi}(\pmb{\theta}, k)x(k) + \pmb{\Gamma}(\pmb{\theta}, k)u(k) + w(k)\\ y(k) &= \pmb{H}(\pmb{\theta}, k)x(k) + v(k)\end{aligned} \quad (6.2.2)$$

式中:k 为离散采样时间,取整数;$w(k)$ 为 n 维随机扰动;$v(k)$ 为 r 维测量噪声;$\pmb{\Phi}(\pmb{\theta}, k)$、$\pmb{\Gamma}(\pmb{\theta}, k)$、$\pmb{H}(\pmb{\theta}, k)$ 分别为 $n \times n$、$n \times m$、$r \times n$ 矩阵,被控对象的结构如图 6.2.2 所示。

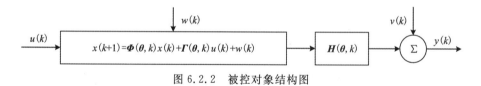

图 6.2.2　被控对象结构图

以图 6.2.2 为基础,自适应控制问题对应的条件与数学描述为:

(1)矩阵 $\pmb{\Phi}(\pmb{\theta}, k)$、$\pmb{\Gamma}(\pmb{\theta}, k)$、$\pmb{H}(\pmb{\theta}, k)$ 中的参数向量 $\pmb{\theta}$ 是未知的。

(2)$w(k)$、$v(k)$ 是统计特性未知的随机序列,系统初始状态 $x(0)$ 是统计特性未知的随机变量。

因此,自适应控制问题的数学描述可以归纳为:在对象和扰动的数学模型不完全确定的条件下,设计控制序列 $u(0), u(1), \cdots, u(N-1)$,使得指定的性能指标尽可能地接近和保持最优。

由上述分析可知,自适应控制所讨论的问题一般是指过程对象的结构已知而参数未知的情况,采用的控制方法仍然是基于数学模型的方法。但与常规基于数学模型的控制方法(如反馈控制、最优控制等)所不同的是,自适应控制所依据的关于模型和扰动的先验知识较

少,需要在系统的运行过程中去不断提取有关模型的信息,使模型逐渐完善。具体来说,可以不断提取对象的输入、输出数据用于过程模型参数的辨识,即系统的在线辨识。随着生产过程的不断推进与在线辨识过程的不断累积,模型会愈来愈准确,愈来愈接近实际,导致基于这种模型综合出来的控制作用也将随之不断改进,在这种意义下,自适应控制系统具有一定的适应能力,最终将自身调整到令人满意的工作状态中。由此可见,自适应控制系统必须具有以下三个功能:

(1)过程信息的在线积累。其目的主要是降低对被控系统的结构和参数值的原有不确定性。可用系统辨识的方法在线辨识被控系统的结构和参数,直接积累过程信息;也可通过量测能反映过程状态的某些辅助变量,间接积累过程信息。

(2)可调控制器。控制器的参数或信号可以根据性能指标要求和被控系统的当前状态进行自动调整,这种可调性要求是由被控系统的数学模型的不确定性决定的,否则就无法对过程实现有效的控制。

(3)性能指标控制。可分为开环控制方法和闭环控制方法两种。若与过程动态相关联的某些辅助变量可测,并且与可调控制器参数之间的关系可以根据数学关系导出,就可通过辅助变量直接开环控制可调控制器以达到预定指标;而在性能指标的闭环控制方式中,还要获得实际性能与预定性能之间的偏差信息,直到实际性能达到或者接近预定的性能为止。

自从20世纪50年代末期提出第一个自适应控制系统以来,先后出现过许多不同形式的自适应控制系统。现阶段,在理论研究与实际应用两个角度均比较成熟的自适应控制系统有模型参考自适应控制系统和自校正调节器两大类,下面进行详细介绍。

6.2.2 模型参考自适应控制

模型参考自适应控制系统(model reference adaptive system,MRAS)由参考模型、过程对象、控制器和用于调整控制器参数的自适应机构等部分组成,如图6.2.3所示。它由两个回路组成,内环是由控制器和过程对象组成的可调系统,它可以是各种传统控制结构,如串联控制、反馈控制、局部反馈控制等;外环由参考模型和自适应机构组成,实现控制参数的调整。

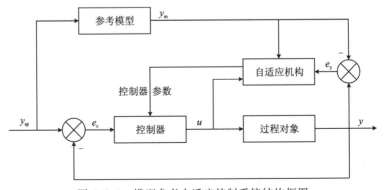

图 6.2.3 模型参考自适应控制系统结构框图

控制器参数的调整过程为:当参考输入 y_{sp} 同时加到系统和参考模型中时,由于对象的初始参数未知,控制器的初始参数的调整不尽如人意。因此初始状态下的运行系统输出响应 $y(t)$ 与模型的输出响应 $y_m(t)$ 一定存在着某种偏差,从而产生偏差信号 $e_y(t)$ 并驱动自适应机构,产生适当的调节作用,直接改变控制器的参数,使系统的输出 $y(t)$ 逐步与模型输出 $y_m(t)$ 接近,直到满足 $y(t) = y_m(t)$ 和 $e_y(t) = 0$,自适应参数调整过程自动中止。当对象特性在运行过程中发生变化时,控制器参数的自适应调整过程与上述过程基本一致。

本节从一个简单系统入手,基于直接自适应控制介绍模型参考自适应控制的基本思想,包括控制器的结构和自适应律的设计。假定对象是一个一阶线性时不变系统

$$\dot{y}(t) = a_p y(t) + u(t), t \geqslant 0 \quad (6.2.3)$$

式中:常数 a_p 是对象参数;$y(t)$ 是具有初始值 $y(0) = y_0$ 的对象输出;$u(t)$ 是控制输入。

对象输出 $y(t)$ 跟踪被选择的参考模型输出 $y_m(t)$

$$\dot{y}_m(t) = -a_m y_m(t) + y_{sp}(t), y_m(0) = y_{m0}, t \geqslant 0 \quad (6.2.4)$$

式中:$a_m > 0$。

根据稳定和性能要求确定,$y_{sp}(t)$ 是一个有界的外输入,它是期望的系统响应。

1. 当对象参数 a_p 已知时的设计

使用以下反馈控制器

$$u(t) = k^* y(t) + y_{sp}(t) \quad (6.2.5)$$

式中:$k^* = -a_p - a_m$。 $\quad (6.2.6)$

此时闭环系统为

$$\dot{y}(t) = -a_m y(t) + y_{sp}(t) \quad (6.2.7)$$

定义输出跟踪误差

$$e_y(t) = y(t) - y_m(t) \quad (6.2.8)$$

根据式(6.2.4)和式(6.2.7),可以得到跟踪误差方程

$$\dot{e}_y(t) = -a_m e_y(t) \quad (6.2.9)$$

$$\dot{e}_y(0) = y(0) - y_m(0) \quad (6.2.10)$$

该方程的解为

$$e_y(t) = e^{-a_m t} e_y(0), t \geqslant 0 \quad (6.2.11)$$

系统具有理想的性能,$e_y(t)$、$y(t)$、$u(t)$ 都有界,且当 $t \to \infty$ 时,$e_y(t) = 0$。因此达到了预期的控制目标。

2. 当对象参数 a_p 未知时的设计

当对象参数 a_p 未知时,不能实施式(6.2.5)的控制规律,这是因为 k^* 是未知的。不过可以用 k^* 的估计值 $k(t)$ 来替代并实现自适应控制器。

$$u(t) = k(t) y(t) + y_{sp}(t) \quad (6.2.12)$$

将式(6.2.12)用到式(6.2.3)表示的对象时,构造出的闭环系统为

$$\dot{y}(t) = -a_m y(t) + y_{sp}(t) + [k(t) - k^*] y(t), t \geqslant 0 \quad (6.2.13)$$

相似地,定义输出误差 $e_y(t)$,其导数为

$$\dot{e}_y(t) = -a_m e_y(t) + \tilde{k}(t)y(t), t \geqslant 0 \quad (6.2.14)$$

式中：$\tilde{k}(t) = k(t) - k^*$，为参数误差。

设计任务时要选择一个自适应规律更新估计参数 $k(t)$，即使对象参数未知，所述的控制器目的仍能达到。现引入一个含有误差 $e_y(t)$ 和 $\tilde{k}(t)$ 的函数，构造李雅普诺夫泛函

$$V(e_y, \tilde{k}) = e_y^2 + \lambda^{-1}\tilde{k}^2 \quad (6.2.15)$$

式中：$\lambda > 0$ 为常数，无论 $e_y \neq 0$ 或 $k \neq 0$，式(6.2.15)都是正的。

考察 V 对时间的导数

$$\dot{V} = \frac{dV}{dt} = \frac{\partial V}{\partial e_y}\dot{e}_y + \frac{\partial V}{\partial \tilde{k}}\dot{\tilde{k}} = 2[e_y\dot{e}_y + \lambda^{-1}\tilde{k}\dot{\tilde{k}}] \quad (6.2.16)$$

根据式(6.2.14)，且 k^* 是常数而 $\dot{\tilde{k}}(t) = \dot{k}(t)$，式(6.2.16)变为

$$\dot{V} = -2a_m e_y^2(t) + 2e_y(t)y(t)\tilde{k}(t) + 2\tilde{k}(t)\dot{k}(t)\lambda^{-1} \quad (6.2.17)$$

如果令上述右边第二项与第三项的和为零，即

$$2e_y(t)y(t)\tilde{k}(t) + 2\tilde{k}(t)\dot{k}(t)\lambda^{-1} = 0 \quad (6.2.18)$$

也即

$$\dot{k}(t) = -\lambda e_y(t)y(t), t \geqslant 0 \quad (6.2.19)$$

即为所求的自适应规律。此时，式(6.2.16)可以变为

$$\dot{V} = -2a_m e_y^2(t) \leqslant 0 \quad (6.2.20)$$

表明系统是稳定的，V 是一个单调下降的函数

$$V[e_y(t), \tilde{k}(t)] < V[e_y(0), \tilde{k}(0)] \quad (6.2.21)$$

事实上，式(6.2.15)显示误差 $e_y(t)$ 和 $\tilde{k}(t)$ 是处在以 $e_y(t)$ 和 $\tilde{k}(t)/\sqrt{\lambda}$ 为轴，圆心在原点，半径为 $\sqrt{V[e_y(0), \tilde{k}(0)]}$ 的圆内，所以误差是有界的。此外，由式(6.2.20)得到的能量误差，有

$$\int_0^\infty e_y^2(t)dt = \frac{1}{2a_m}\{V[e_y(0), \tilde{k}(0)] - V[e_y(\infty), \tilde{k}(\infty)]\} < \infty \quad (6.2.22)$$

根据 Barbalat 定理：如果 $f(t)$ 是一个一致连续函数，同时 $\lim_{t \to \infty}\int_0^t |f(\tau)|d\tau$ 存在且有界，则当 $t \to \infty$ 时，$f(t) \to 0$ 可知，当 $t \to \infty$ 时，$e_y \to 0$，因此 e_y 渐近稳定。因此尽管被控对象参数 a_p 不确定，经由自适应规律式(6.2.19)更新的自适应控制律[式(6.2.12)]仍能实现理想的跟踪性能。

$$\lim_{t \to \infty}[y(t) - y_m(t)] = 0 \quad (6.2.23)$$

式(6.2.15)所示的李雅普诺夫泛函的选取不是唯一的。由该函数不仅可以推出控制器参数的自适应更新规律，而且还确保了系统运行的稳定性，所以称该设计方法为李雅普诺夫法。直接自适应控制系统的结构如图 6.2.4 所示。

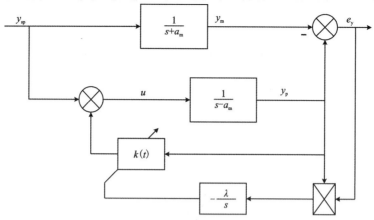

图 6.2.4 直接自适应控制系统结构框图

6.2.3 自校正控制

当过程的随机、时滞、时变和非线性等特性比较明显时,采用常规 PID 调节器很难收到良好的控制效果,甚至无法达到基本要求。此外,在初次运转或工况发生变化时,都需要重新整定 PID 参数,这相当耗费时间,因此自校正技术应运而生。由于大多数工业对象系统结构部分已知、参数未知或缓慢变化,自校正技术可以很好地解决被控系统的上述问题,且由于其理解直观,实现简单经济,因此在工业过程控制中已得到广泛应用,现已成为十分重要的一类自适应控制系统。其典型结构如图 6.2.5 所示。

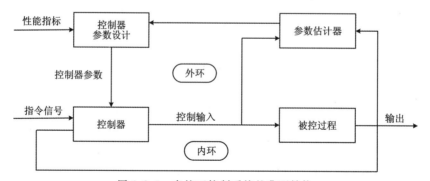

图 6.2.5 自校正控制系统的典型结构

由图 6.2.5 所示,自校正控制系统由两个环路组成。内环与常规反馈系统类似,由被控过程和控制器组成。外环由参数估计器和控制器参数设计组成,其任务是辨识过程参数,再按选定的设计方法综合出控制器参数,用以修改内环的控制器。在目前的自校正控制系统中,用来综合自校正控制律的性能指标有优化性能指标和常规性能指标两类。前者如最小方差、LQG 和广义预测控制,后者如极点配置和 PID 控制。用来进行参数估计的方法有最小二乘法、增广矩阵法、辅助变量法或最大似然法等。而在参数估计时,对观测数据的使用方式有两种:一种估计受控系统模型本身的未知参数,这样的自校正算法称为显式算法;另一种估计控制器的未知参数,这时需要将过程重新建立一个与控制器参数直接关联的参数化估计模型,相应的自校正法称为隐式算法。由此可见,隐式算法在合适的估计模型下无须进行控制器参数的设计计算,计算量较小,应用较为广泛。与前文类似,本节以最简单的自校正器——最小方差自校正器介绍自校正策略的在单输入单输出系统的设计过程。

设单输入单输出对象用线性差分模型描述为

$$y(k)+a_1y(k-1)+\cdots+a_ny(k-n)=b_0u(k-m)+b_1u(k-m-1)+\cdots+b_nu(k-m-n)+\lambda[\eta(k)+c_1\eta(k-1)+\cdots+c_n\eta(k-n)]$$
(6.2.24)

式中:$u(k)$,$y(k)$ 分别为过程的输入和输出序列;$\eta(k)$ 为环境干扰,是一个零均值的白噪声序列;m 为输出对输入响应的滞后时间;n 为过程的阶次;λ 为大于零的常数,它决定干扰的强度,即噪声方差的大小。

本节为了简单起见,各多项式的阶数均为 n 阶。

如果用向后移位算子表示,式(6.2.24)可简写为

$$A(q^{-1})y(k)=q^{-m}B(q^{-1})u(k)+\lambda C(q^{-1})\eta(k) \quad (6.2.25)$$

式中:

$$A(q^{-1})=1+a_1q^{-1}+a_2q^{-2}+\cdots+a_nq^{-n} \quad (6.2.26)$$

$$B(q^{-1})=1+b_1q^{-1}+b_2q^{-2}+\cdots+b_nq^{-n} \quad (6.2.27)$$

$$C(q^{-1})=1+c_1q^{-1}+c_2q^{-2}+\cdots+c_nq^{-n} \quad (6.2.28)$$

将式(6.2.25)两边乘以 q^m 并整理为

$$y(k+m)=\frac{B(q^{-1})}{A(q^{-1})}u(k)+\lambda\frac{C(q^{-1})}{A(q^{-1})}\eta(k+m) \quad (6.2.29)$$

等式右边分别为 $u(k),u(k-1),\cdots$;$\eta(k+m),\eta(k+m-1),\cdots,\eta(k),\eta(k-1),\cdots$ 等变量的线性组合。其中 $\eta(k),\eta(k-1),\cdots$ 可根据在 k 时刻为止的系统输入、输出值得到;而 $\eta(k+m),\eta(k+m-1),\cdots,\eta(k+1)$ 为系统在 k 时刻之后的干扰输入,与 k 时刻为止的系统输入、输出观测值无关。为了有效利用直到 k 时刻为止的系统输入、输出观测值进行预测,需将这两类变量区分开。为此将 $\dfrac{C(q^{-1})}{A(q^{-1})}$ 分解为

$$C(q^{-1})=A(q^{-1})F(q^{-1})+q^{-m}G(q^{-1}) \quad (6.2.30)$$

其中 F、G 分别是 $m-1$ 和 $n-1$ 次多项式,即

$$F(q^{-1})=1+f_1q^{-1}+\cdots+f_{d-1}q^{-(m-1)} \quad (6.2.31)$$

$$G(q^{-1})=g_0+g_1q^{-1}+\cdots+g_{n-1}q^{-(n-1)} \quad (6.2.32)$$

F 和 G 可通过长除法得到,将式(6.2.30)代入式(6.2.29)中得

$$y(k+m)=\frac{B(q^{-1})}{A(q^{-1})}u(k)+\lambda F(q^{-1})\eta(k+m)+\lambda\frac{G(q^{-1})}{A(q^{-1})}\eta(k) \quad (6.2.33)$$

同时,将式(6.2.25)代入式(6.2.33)中,可以得到

$$y(k+m)=\frac{G(q^{-1})}{C(q^{-1})}y(k)+\left[\frac{B(q^{-1})}{A(q^{-1})}-q^{-m}\frac{B(q^{-1})G(q^{-1})}{C(q^{-1})A(q^{-1})}\right]u(k)+\lambda F(q^{-1})\eta(k+m)$$
(6.2.34)

由式(6.2.30)可得 $G(q^{-1}) = q^m[C(q^{-1}) - A(q^{-1})F(q^{-1})]$，并代入式(6.2.34)中右端第二项得

$$y(k+m) = \frac{G(q^{-1})}{C(q^{-1})}y(k) + \frac{B(q^{-1})F(q^{-1})}{C(q^{-1})}u(k) + \lambda F(q^{-1})\eta(k+m) \quad (6.2.35)$$

式(6.2.35)右边第三项 $\lambda F(q^{-1})\eta(k+m)$ 是 $\eta(k+m), \eta(k+m-1), \cdots, \eta(k+1)$ 的线性组合，而第一项 $\frac{G(q^{-1})}{C(q^{-1})}y(k)$ 与第二项 $\frac{B(q^{-1})F(q^{-1})}{C(q^{-1})}u(k)$ 和 $\eta(k), \eta(k-1), \cdots$ 有关。由于 $\eta(k)$ 是白噪声序列，所以右端前两项与第三项是线性独立的。

本节用 $\hat{y}(k+m \mid k)$ 表示在 k 时刻对输出量 $y(k+m)$ 的预测，优化目标为找到一个最优的预测值 $\hat{y}^*(k+m \mid k)$，使得预报误差的方差最小，即满足

$$E[y(k+m) - \hat{y}^*(k+m \mid k)]^2 \leqslant E[y(k+m) - \hat{y}(k+m \mid k)]^2 \quad (6.2.36)$$

考虑式(6.2.35)，有

$$E[y(k+m) - \hat{y}(k+m \mid k)]^2 = E[\frac{G(q^{-1})}{C(q^{-1})}y(k) + \frac{B(q^{-1})F(q^{-1})}{C(q^{-1})}u(k) + \\ \lambda F(q^{-1})\eta(k+m) - \hat{y}(k+m \mid k)]^2 \quad (6.2.37)$$

由于式(6.2.37)中右段第三项与前两项线性无关，所以我们把它从式(6.2.37)右边数学期望中提取出来，即

$$E[y(k+m) - \hat{y}(k+m \mid k)]^2 = E[\frac{G(q^{-1})}{C(q^{-1})}y(k) + \frac{B(q^{-1})F(q^{-1})}{C(q^{-1})}u(k) - \\ \hat{y}(k+m \mid k)]^2 + E[\lambda F(q^{-1})\eta(k+m)]^2 \quad (6.2.38)$$

如果选择

$$\hat{y}^*(k+m \mid k) = \frac{G(q^{-1})}{C(q^{-1})}y(k) + \frac{B(q^{-1})F(q^{-1})}{C(q^{-1})}u(k) \quad (6.2.39)$$

即可使式(6.2.38)为极小值，因此式(6.2.39)即为最小方差预测估计值，最小方差预测估计的误差为

$$\tilde{y}(k+m \mid k) = y(k+m) - \hat{y}(k+m \mid k) \quad (6.2.40)$$

该误差的方差为

$$\text{var}[\tilde{y}(k+m \mid k)] = E\{[F(q^{-1})\eta(k+d)]^2\} = \lambda^2(1 + f_1^2 + f_2^2 + \cdots + f_{m-1}^2) \quad (6.2.41)$$

在此基础上可得到最小方差控制器，即在随机干扰作用下以及控制作用与输出之间存在 m 步滞后的情况下，使得实际输出 $y(k+m)$ 与要求的设定值 y_{sp} 之间误差的方差最小的控制器，即

$$\min V = E[y(k+m) - y_{\text{sp}}]^2 \quad (6.2.42)$$

显然，我们只要使得 $\hat{y}^*(k+m \mid k) = y_{\text{sp}}$，即可实现最小方差控制，因此由式(6.2.39)得到最小方差控制律为

$$u^*(k) = [C(q^{-1})y_{\text{sp}} - G(q^{-1})y(k)]/B(q^{-1})F(q^{-1}) \quad (6.2.43)$$

如果输出设定值 $y_{\text{sp}} = 0$，则最小方差控制律为

$$u^*(k) = -G(q^{-1})y(k)/B(q^{-1})F(q^{-1}) \quad (6.2.44)$$

式(6.2.41)即为系统输出的方差。

由上述分析可知,最小方差控制就是可将 $\eta(k), \eta(k-1), \cdots \eta(1)$ 所造成的对系统输出误差的影响,都由 k 时刻的 $u^*(k)$ 进行补偿,最小方差的控制误差只和 $\eta(k+1), \cdots, \eta(k+m)$ 有关,即 k 时刻的控制律 $u^*(k)$ 对它们的影响是无能为力的。若过程参数已知,即多项式 $A(q^{-1})$、$B(q^{-1})$ 和 $C(q^{-1})$ 的系数已知,则可算出最小方差控制器的参数。由式(6.2.29)及式(6.2.43)可知最小方差控制系统闭环结构框图如图 6.2.6 所示。

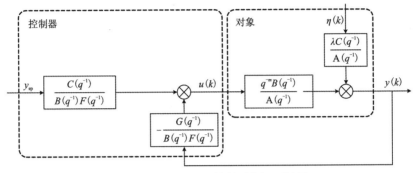

图 6.2.6　最小方差控制系统闭环框图

6.3　学习控制方法

自动控制的目标是希望闭环控制系统在较大的运行条件范围内保持着良好功能和期望性能。但是,由于被控对象和系统性能目标有一定的复杂性和不确定性,如被控对象通常存在非线性和时变性,被控对象的建模不良,传统控制方法实现起来显得力不从心。学习控制能够在系统进行过程中估计未知信息,并据之进行最优控制,以便逐步改善系统性能。学习控制是一种控制方法,其实际经验起到控制参数和算法的类似作用。学习控制正是为了解决主要由对象的非线性和系统建模不良所造成的不确定性问题,即努力克服这种缺乏必要的先验知识给系统控制带来的困难。

6.3.1　学习控制概述

学习控制的概念和数学定义:在有限时间域 $[0, T]$ 内,给出受控对象的期望响应 $y_{sp}(t)$。寻求某个给定输入 $u_k(t)$,使得 $u_k(t)$ 的响应 $y_k(t)$ 得到改善;其中,k 为次数,当 k 趋近于无穷时,$y_k(t)$ 的极限是 $y_{sp}(t)$,则称该学习过程收敛。学习控制系统有以下几个特点:

(1)有一定的自主性,学习控制系统的性能是自我改进的。

(2)有一定的动态过程,学习控制系统的性能随时间而变,性能的改进在与外界反复作用的过程中进行。

(3)有记忆功能,学习控制系统需要积累经验,用以改进其性能。学习控制系统需要明确它的当前性能与某个目标性能之间的差距,施加改进操作。

学习控制和自适应控制在处理不确定性问题时都是基于在线的参数调整算法,都要使用与环境、对象闭环交互作用得到的实验信息,以改善系统的性能。但二者又有区别,自适应控制着眼于瞬时观点,强调时间特性,其目标是针对于出现扰动和对象具有时变特性时,保持某种期望的闭环性能,但是自适应控制器没有记忆功能,即便是以前经历过的特性,它也要重新适应。当系统功能参数变化非常快时,自适应系统将无法通过自适应作用保持所需性能。当由于非线性引起的系统工作点随时间变化时,自适应控制也显得乏力。学习控制则强调空间特性,它把过去的经验与过去的控制局势相联系,并把这些信息存储起来,具有一定的记忆能力。学习控制的整体结构如图 6.3.1 所示。

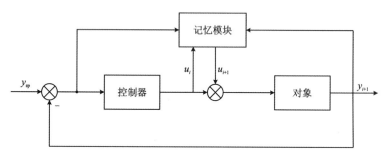

图 6.3.1 学习控制的结构

6.3.2 迭代学习控制

迭代学习控制的思想最先由日本学者 Uchiyama 提出,适用于一类具有重复运行特性的被控对象,其任务是寻找控制输入,使得被控系统的实际输出轨迹在有限时间区间上沿整个期望输出轨迹实现零误差的快速完全跟踪。迭代学习控制的基本原理如图 6.3.2 所示。

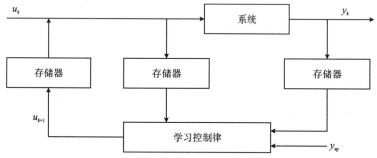

图 6.3.2 迭代学习控制基本原理

假定所有信号定义在有限时间区间 $t \in [0, T]$ 内,学习控制策略如下:在第 k 次迭代时的输入 $u_k(t)$ 作用于系统对应的输出响应 $y_k(t)$,这些信号都存放于存储器中直到迭代结束,它们用于迭代学习控制算法的离线计算,然后根据系统实际输出和期望输出的偏差 $e_k(t) = y_k(t) - y_{sp}(t)$,通过学习控制律计算出新的输入信号 $u_{k+1}(t)$ 并存放于存储器中,再次作用于系统,如此重复,直到偏差信号趋于零,即实现实际输出信号完全跟踪期望输出信号。数学描述如下:假定有一个动态系统 S

$$y(t) = f_S(u(t), t)$$

其中 $f_S(\cdot, \cdot)$ 为一个连续映射，则希望满足输出信号跟踪期望输出信号，即

$$\min_{u(t)} \| y_{sp}(t) - f_S(u(t), t) \| = \| y_{sp}(t) - f_S(u^*(t), t) \| \tag{6.3.1}$$

其中，$u^*(t)$ 为寻找的最优输入信号。

学习控制律在学习控制中起着至关重要的作用，而在已提出的多种学习律中，D 型学习率是首先被提出来的一种方法，其修正作用项仅仅利用输出误差 $e_k(t) = y_d(t) - y_{sp}(t)$ 的导数信号，因此本节以 D 型学习率为基础介绍具有重复运行性质的线性定常系统的迭代学习控制。

考虑具有重复运行性质的线性定常系统

$$\begin{cases} \dot{x}_k(t) = \boldsymbol{A} x_k(t) + \boldsymbol{B} u_k(t) \\ y_k(t) = \boldsymbol{C} x_k(t) \end{cases} \tag{6.3.2}$$

其中，$t \in [0, T]$，$x_k(t) \in \mathbf{R}^n$，$u_k(t) \in \mathbf{R}^r$，$y_k(t) \in \mathbf{R}^m$。

给定在 $t \in [0, T]$ 上可微的期望轨迹 $y_{sp}(t)$ ($t \in [0, T]$)，设在期望控制 $u_{sp}(t)$ ($t \in [0, T]$) 作用下，使系统(6.3.2)在期望初态位于 $x_{sp}(0)$ 时的输出轨迹为

$$\begin{cases} y_{sp}(t) = \boldsymbol{C} x_{sp}(t) \\ x_{sp}(t) = e^{At} x_{sp}(0) + \int_0^t e^{A(t-\tau)} \boldsymbol{B} u_{sp}(\tau) d\tau \end{cases} \tag{6.3.3}$$

最简单的 D 型学习律为

$$u_{k+1}(t) = u_k(t) + \boldsymbol{\Gamma} \dot{e}_k(t) \tag{6.3.4}$$

式中：k 为迭代次数；$\boldsymbol{\Gamma}$ 为定常增益矩阵。

该学习律又可写为

$$u_k(t) = u_0(t) + \boldsymbol{\Gamma} \sum_{i=0}^{k-1} \dot{e}_i(t) \tag{6.3.5}$$

由此可知，学习律(6.3.5)以输出误差导数信号的累加构成控制输入信号。采用 D 型学习律的迭代学习控制系统的结构图如图 6.3.3 所示。

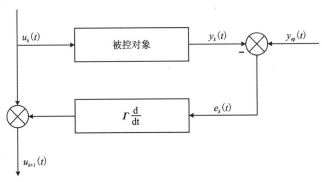

图 6.3.3 D 型学习律迭代学习控制系统结构图

以差商代替学习律(6.3.4)中的导数，可得到该学习律的近似离散化公式，设采样周期为 h，则

$$u_{k+1}(th) = u_k(th) + \Gamma \frac{1}{h}(e_k(th+h) - e_k(th)) \qquad (6.3.6)$$

其中，$t = 0, 1, 2, \cdots, \frac{T}{h}$。假设 $x_k(0) = x_{sp}(0)$，即系统初始状态为理想初始值，利用式(6.3.4)与式(6.3.2)将第 $k+1$ 次迭代时的控制误差写为

$$\begin{aligned}\Delta u_{k+1}(t) &= \Delta u_k(t) - \Gamma \dot{e}_k(t) \\ &= \Delta u_k(t) - \Gamma C \frac{\mathrm{d}}{\mathrm{d}t} \int_0^t \mathrm{e}^{A(t-\tau)} B \Delta u_k(\tau) \mathrm{d}\tau \\ &= [I - \Gamma CB] \Delta u_k(t) - \int_0^t \Gamma C A \mathrm{e}^{A(t-\tau)} B \Delta u_k(\tau) \mathrm{d}\tau \end{aligned} \qquad (6.3.7)$$

其中，$\Delta u_k(t) = u_{sp}(t) - u_k(t)$，两端取范数得

$$\|\Delta u_{k+1}(t)\| \leqslant \|I - \Gamma CB\| \|\Delta u_k(t)\| + \int_0^t \|\Gamma C A \mathrm{e}^{A(t-\tau)} B\| \|\Delta u_k(\tau)\| \mathrm{d}\tau \qquad (6.3.8)$$

两端同时乘以正函数 $\mathrm{e}^{-\lambda t}$ ($t \in [0, T]$)，得

$$\mathrm{e}^{-\lambda t} \|\Delta u_{k+1}(t)\| \leqslant \|I - \Gamma CB\| \mathrm{e}^{-\lambda t} \|\Delta u_k(t)\| + b_1 \int_0^t \mathrm{e}^{-\lambda(t-\tau)} \mathrm{e}^{-\lambda \tau} \|\Delta u_k(\tau)\| \mathrm{d}\tau \qquad (6.3.9)$$

其中，$b_1 = \sup\limits_{t \in [0,T]} \|\Gamma C A \mathrm{e}^{At} B\|$。由 λ 范数的定义可知

$$\|\Delta u_{k+1}\|_\lambda \leqslant \|I - \Gamma CB\| + b_1 \frac{1 - \mathrm{e}^{-\lambda T}}{\lambda} \|\Delta u_k\|_\lambda \qquad (6.3.10)$$

当选取足够大的 λ，并且当 $\|I - \Gamma CB\| < 1$ 时，满足

$$\|I - \Gamma CB\| + b_1 \frac{1 - \mathrm{e}^{-\lambda T}}{\lambda} < 1 \qquad (6.3.11)$$

因此，

$$\lim_{k \to \infty} \|\Delta u_k\|_\lambda = 0 \qquad (6.3.12)$$

又由 $e_k(t) = \int_0^t C \mathrm{e}^{A(t-\tau)} B \Delta u_k(\tau) \mathrm{d}\tau$，可知

$$\|e_k\|_\lambda \leqslant cb \frac{1 - \mathrm{e}^{(a-\lambda)T}}{\lambda - a} \|\Delta u_k\|_\lambda \qquad (6.3.13)$$

其中，$\lambda > a$，$a = \|A\|$，$b = \|B\|$，$c = \|C\|$。结合式(6.3.12)和式(6.3.13)知，$\lim\limits_{k \to \infty} \|e_k\|_\lambda = 0$。进一步地，由 $\sup\limits_{t \in [0,T]} \|e_k(t)\| \leqslant \mathrm{e}^{\lambda T} \|e_k\|_\lambda$，证得 $\lim\limits_{k \to \infty} \sup\limits_{t \in [0,T]} \|e_k(t)\| = 0$。总结如下。

定理 6.3.1 给定由式(6.3.2)和式(6.3.4)描述的迭代学习控制系统，若满足条件：
(1) $\|I - \Gamma CB\| < 1$。
(2) $x_k(0) = x_{sp}(0)$。

则当 $k \to \infty$ 时，系统得迭代输出 $y_k(t)$ 在 $t \in [0, T]$ 上一致收敛于期望轨迹 $y_{sp}(t)$，即 $\lim\limits_{k \to \infty} y_k(t) = y_{sp}(t)$, ($t \in [0, T]$)。

该定理对于满足 $y_{sp}(0) = C x_{sp}(0)$ 的初始状态 $x_{sp}(0)$ 均成立。在一些特殊情况下，条

件(2)可以放松为允许某些初态设定在任意点上。下面的定理给出了初态存在某种特定偏移时的算法收敛条件。

定理 6.3.2 给定由式(6.3.2)和式(6.3.4)描述的迭代学习控制系统,若满足条件:

(1) $\|\boldsymbol{I}-\boldsymbol{CB\Gamma}\|<1$。

(2) $x_{k+1}(0)=x_k(0)+\boldsymbol{B\Gamma}e_k(0)$。

则当 $k\to\infty$ 时,系统的迭代输出 $y_k(t)$ 在 $t\in[0,T]$ 上一致收敛于期望轨迹 $y_{\text{sp}}(t)$,即 $\lim\limits_{k\to\infty}y_k(t)=y_{\text{sp}}(t),(t\in[0,T])$。

需要说明的是,增益矩阵 $\boldsymbol{\Gamma}$ 是 $r\times m$ 维的,$\boldsymbol{CB}$ 是 $m\times r$ 维的,只有当满足 $\boldsymbol{CB}$ 列满秩的情况下,使条件(1)成立的 $\boldsymbol{\Gamma}$ 才存在。因此,当输入维数 r 多于输出维数 m 时,不存在 $\boldsymbol{\Gamma}$ 使定理 6.3.1 成立。而在定理 6.3.2 中,欲使条件(1)成立的 $\boldsymbol{\Gamma}$ 存在,必须有 $\boldsymbol{CB}$ 行满秩,当输出维数 m 多于输入维数 r 时,也不存在 $\boldsymbol{\Gamma}$ 使定理 6.3.2 成立。此外,这两个定理给出的条件是充分条件,当某个 $\boldsymbol{\Gamma}$ 不能使得 $\|\boldsymbol{I}-\boldsymbol{\Gamma CB}\|<1$ 或 $\|\boldsymbol{I}-\boldsymbol{CB\Gamma}\|<1$ 成立时,也不意味着该 $\boldsymbol{\Gamma}$ 不能使算法收敛,如下述定理所示。

定理 6.3.3 给定由式(6.3.2)和式(6.3.4)描述的迭代学习控制系统,若满足条件:

(1) $\|\boldsymbol{I}-\boldsymbol{B\Gamma C}\|<1$。

(2) $x_k(0)=x_{\text{sp}}(0),y_k(0)=y_{\text{sp}}(0)$。

则当 $k\to\infty$ 时,系统的迭代输出 $y_k(t)$ 在 $t\in[0,T]$ 上一致收敛于期望轨迹 $y_{\text{sp}}(t)$,即 $\lim\limits_{k\to\infty}y_k(t)=y_{\text{sp}}(t),(t\in[0,T])$。

定理 6.3.2 与定理 6.3.3 的证明过程请自行参考有关迭代学习控制的文献。

课后习题

1. 什么是预测控制?预测控制有什么特点?
2. 简述预测控制预测系统未来输出的过程。
3. 给定被控对象传递函数为 $G(s)=\dfrac{s+5}{s^2+5s+3}$,系统输出参考轨迹设定为阶跃函数,即取值为 1 的序列。截断步长 $N=20$,预测步长 $P=10$,控制步长 $M=1$,请参照阶跃模型下预测控制基本原理完成实验仿真。
4. 简述模型参考自适应控制的一般原理。
5. 设系统方程为:$\begin{bmatrix}\dot{x}_1\\\dot{x}_2\end{bmatrix}=\begin{bmatrix}0&1\\-1&-1\end{bmatrix}\begin{bmatrix}x_1\\x_2\end{bmatrix}$,并设李雅普诺夫函数 $V(x)=\boldsymbol{X}^{\text{T}}\boldsymbol{PX},\boldsymbol{A}^{\text{T}}\boldsymbol{P}+\boldsymbol{PA}=-\boldsymbol{I}$,试确定该系统的稳定性。
6. 已知被控过程为 $y(k)=\dfrac{B(q^{-1})}{A(q^{-1})}u(k-m)+\dfrac{C(q^{-1})}{A(q^{-1})}\eta(k)$,其中:$A(q^{-1})=1-1.7q^{-1}+0.7q^{-2}$,$B(q^{-1})=1+0.5q^{-1}$,$C(q^{-1})=1+1.5q^{-1}+0.9q^{-2}$,

已知 $n=2,m=2$,设定值,求最小方差控制律。

7. 简述迭代学习控制原理。

8. 存在被控对象：$\begin{cases} \begin{bmatrix} \dot{x}_1(t) \\ \dot{x}_2(t) \end{bmatrix} = \begin{bmatrix} 0 & 1 \\ -(2+5t) & -(3+2t) \end{bmatrix} \begin{bmatrix} x_1(t) \\ x_2(t) \end{bmatrix} + \begin{bmatrix} 0 \\ 1 \end{bmatrix} u(t) \\ y(t) = \begin{bmatrix} 0 & 1 \end{bmatrix} \begin{bmatrix} x_1(t) \\ x_2(t) \end{bmatrix} \end{cases}$，要求在时间区间$[0,5]$内跟踪期望输出 $y_{sp} = 12t^2(1-t)$，求开环 D 型迭代学习控制律。

第 7 章　过程控制系统工程设计

在进行实际工程设计与开发时,要在深入分析对象特性和控制需求的基础上,遵循工程设计的规范和流程,将过程控制系统理论联系工程实际,构建合适的过程控制系统。本章首先介绍了过程控制系统工程设计的基础概念,然后以实际工业对象的锅炉生产过程以及地质钻进过程为例,详细分析过程控制系统工程设计流程。

7.1　过程控制系统设计概述

分析、设计和应用一个过程控制系统,首先应全面了解被控对象,深入分析工艺过程;其次根据工艺要求,确定最佳控制方案,选择合适的检测变送器和执行器;然后根据具体控制性能指标要求,对过程控制系统进行控制器设计、参数整定;最后在充分仿真和实验验证的基础上,完成系统的投运。本节重点讨论过程控制系统工程设计中的共性问题,包括控制系统设计的一般要求、步骤、方案设计、系统实施等内容。

7.1.1　过程控制系统设计的一般要求

工业生产过程及其工艺参数多种多样、各不相同,对过程控制系统的设计要求主要可以划分为非技术性和技术性两个方面。非技术性要求包括设计过程和设计的系统应遵守相关法律法规,符合国家、省部及行业规范和标准,遵循工程伦理,注重环境友好,促进社会、环境和生产过程的可持续发展等。

技术性要求则指设计的过程控制系统必须确保工作现场的人身与财产安全,应具备抵御外界干扰和保证生产过程稳定运行的能力,并在高效率、低成本的基础上运作,获得良好的经济效益,归纳起来即安全性、稳定性和经济性。

安全性:过程控制系统首先需要保障生产者生命与生产设备的安全。目前在过程控制中的保护性措施主要有保护性连锁或互锁,参数超限报警、故障报警与排除,以及设备冗余等。

稳定性:系统稳定是保证产品在加工生产中质量和数量的关键。控制系统应对外界干扰具有一定抵抗能力,当系统参数和工艺条件在一定范围内变化时,系统应有一定适应能力,并维持稳定,具有一定的稳定裕量。

经济性:生产同样质量和数量产品所消耗的能量和原料应最少,进而使生产效率和人员效率最大化。长周期、满负荷、优化运行,是保证工业生产对经济性要求的重要途径。

工程中,这些技术性要求有时是互相矛盾的,安全性是系统的首要考虑因素,在保证安全性的基础上,根据实际情况综合考虑稳定性和经济性。因此,在设计过程控制系统时应根据实际情况,分清主次,确保满足最重要的质量和控制要求。

7.1.2 过程控制系统工程设计的基本步骤

过程控制系统工程设计是在控制系统设计要求明确的基础上进行的,它是工程实施的依据,是工程建设中重要的一环。过程控制系统工程设计是运用控制工程的知识,针对具体的工艺流程,实现自动控制的具体体现。其主要内容包括控制方案设计、网络架构设计、仪表选型、控制室设计、供电和供气系统设计、现场线路设计、施工图绘制以及工程管理等。对于一些危险或恶劣的现场环境,如高温、高压、易燃易爆、强腐蚀等生产现场,还要增加相应的防护措施,确实保证工作人员生命和财产的安全。

过程控制系统工程设计中通常需要完成的内容有:

(1)熟悉工艺流程和建立被控对象模型。这是控制方案设计的基础,也是工程设计的第一步。熟悉系统工艺的运行机理,明确系统的运行过程。在熟悉工艺流程中,应注意有关物料或半成品的物理和化学特性,物料相互之间的关联和反应,关键参数和重要数据。在充分熟悉被控过程工艺机理的基础上,分析被控对象的动静态性能,建立被控对象的模型。

(2)控制方案设计。在熟悉工艺流程和分析被控对象的基础上,根据目标设定和历史数据分析,选择合适的控制系统类型,确定全工艺流程的控制方案,包括整体方案设计、控制系统结构、控制器及参数和详细的控制系统实施流程,并在此基础上绘制工艺控制流程图(Process & Instrument Diagram 图,简称 P&ID 图)。

(3)网络架构设计。根据控制系统的功能需求和性能指标,结合实际过程控制系统的应用场景,在考虑技术选型和成本因素的基础上,选择合适的拓扑结构,明确控制系统的连接方式和数据传输路径,制定合理的控制系统网络架构和通信协议。

(4)仪表选型。需考虑测量参数、测量范围、精度要求、环境条件、通信接口、维护和操作以及成本等因素。根据实际需要,确定测量参数和范围,选择精度要求高、适应环境条件、具有通信接口、易于维护和操作,并在预算范围内的仪表型号和设备。

(5)节流装置和调节阀的计算。根据工艺过程数据和流通能力计算方法等进行计算,获得调节阀和节流装置计算的数据与结果,并提供给管道专业技术人员进行管道设计。

(6)控制室设计。在控制方案和仪表选型确定之后,根据工艺要求和现场实际情况进行控制室设计。画出控制室的布置图以及控制室与现场信号的连接图等。还应与土建、通暖、电气等专业人员协商,提出有关设计要求。

(7)供电和供气系统设计。由于电动仪表和气动仪表需要电能以及气能才能够工作,需要按照供电、供气负荷大小及配置方式,画出仪表供电系统图、仪表空气管道平面图等设计文件。涉及使用液压驱动的场合,还应设计液压泵站及油路等。

(8)现场线路设计。根据现场设备的位置,进行现场与控制室之间仪表管线的配置,明确控制室与现场设备之间的相关连接线路,并画出相关的图纸和表格,如电缆表、管缆表、仪表伴热绝热表、配线图、配管图、仪表电缆桥架布置图等。

(9)施工图绘制和工程管理。根据与控制相关的设备、材料的选用情况,编制有关设计文件。根据施工要求,画出相关图纸,编制相关材料表格。之后将工程技术以文件的形式进行管理,编写工程管理文件目录,归档编号等,整理系统设计文件、仪表规定和施工要求等工程设计文件,统一定制归档编号。

7.1.3 过程控制系统方案设计

方案设计是控制系统设计的核心内容,必须确保正确无误。如果控制方案不正确,不管选用何种仪表、安装如何合格,控制系统在生产中也难以发挥作用,达不到预期的指标。系统控制方案的设计主要是针对生产过程流程中的问题与生产技术要求,确定系统的控制方式和组成、控制器的选型和参数整定等内容。这是在了解过程特性的基础上,根据控制任务和技术指标要求,对系统的运行方式作总体考虑与计划。对某一环节或参数的控制系统需考虑的问题主要有被控变量的选择、操作变量的选择、测量变量的选择、控制方案的选择和控制器的选择等。

1. 被控变量的选择

被控变量应在可用的输出变量中进行选择,综合考虑以下一般性原则选择适合特定过程控制系统的被控变量,以实现系统的最佳性能和目标。

(1)选择与最终目标直接相关的变量作为被控变量。

(2)选择对操作变量(控制手段)变化敏感的参数作为被控变量,可以确保通过调整操作变量来实现对被控变量的有效控制。

(3)选择可以准确、可靠测量的参数作为被控变量,确保有可行的测量手段和合适的测量设备来监测被控变量的值。

(4)选择易于调节的参数作为被控变量,尽量不要选择具有大测量时间迟延的变量作为被控变量。

(5)考虑系统资源和优先级,选择对整个过程控制系统性能影响最大的参数作为被控变量,根据资源的可用性和限制,确保可以合理地实现对被控变量的控制。

2. 操作变量的选择

操作变量应从输入变量中选择,应综合考虑装置情况和控制目标,其选择的一般性原则如下:

(1)选择对被控变量有较大影响的变量作为操作变量。这些变量的调整能够直接改变被控变量的值。对于传统的单输入单输出控制系统(如 PID 控制器),希望每个操作变量仅对唯一的被控变量有显著的、快速的影响。

(2)选择易于调节的变量作为操作变量,其调整范围应该在可行范围内,并且能够对被控变量的改变做出敏感的响应。

(3)选择能够快速影响被控变量的参数作为操作变量,一般希望控制通道时间常数和延迟都比较小,确保控制过程的相应速度。

(4)选择可以实际操作和调整的操作变量,操作变量应该直接影响被控变量而不是间接影响,确保有相应的控制手段和适当的设备来实现对操作变量的调整。

(5)选择可以准确、可靠测量的变量作为操作变量,避免不必要的干扰。

在选取过程中,应综合考虑以上原则,有时各个条件可能是相互矛盾的,需要根据实际需求进行权衡,选择一个合适的输入。

3.测量变量的选择

过程控制系统中通常需要对一个或者多个变量进行测量。对被控变量进行测量除了可以为系统提供反馈和提供更多的信息给装置操作人员外,还可以提供信息给基于模型的控制策略,如预测控制等;对操作变量进行测量可以为控制器整定和控制回路故障诊断提供有用信息;对干扰变量进行测量可以为前馈控制策略提供偏差信息。对测量变量选择的一般性原则如下:

(1)选择可以准确、可靠测量的变量。确保测量设备和方法的精度、稳定性和可信度,以获取可靠的测量结果。不恰当的测量是造成较差控制效果的主要因素,恰当的测量是良好控制系统的基础。在过程设计阶段,很多测量问题可以很容易地被解决,而在过程运行阶段如果要改进一个测点的位置就变得十分困难。

(2)选择对所关注的参数变化敏感的测量变量,可以确保测量结果对于参数变化的响应明显,以便及时观察和控制。设计时要根据测量对象的不同,找到其对应的、能敏感反映测量对象变化的测量值以及测量位置。

(3)选择可以实际进行测量的变量。确保有适当的工具和技术来进行测量,并且测量过程不会对被测对象造成不必要的干扰或损害;选择具有最小时间迟延和最小时间常数的测点,通过过程测量中动态迟延和时间迟延的减少可以改进闭环稳定性和响应特性。

4.控制方案和控制器的选择

选取控制方案和控制器时应保证装置运行的平稳、生产安全、控制简单适用。可以用单回路简单控制系统可以解决的,就不用复杂控制系统。在设计控制方案时首先应明确被控制的对象,然后确定对控制对象起主导作用的调节手段,设计不同的控制方案和控制器。

(1)明确希望通过控制来实现的目标,并分析被控系统的动态特性、非线性特性等,建立被控对象的传递函数、状态空间模型等。

(2)根据系统的特性和控制目标,选择适当的控制策略和控制器。常见的控制策略主要包括单回路控制、前馈控制、串级控制、模型预测控制等。考虑不同因素选择不同的控制方案。对于需要快速响应和抵消干扰的应用,前馈控制可以是一个合适的选择;根据系统的复杂度和控制需求,对于较为简单的系统,单回路控制可能已经足够;而对于复杂的系统,可能需要使用串级控制或者多回路控制,甚至先进控制方法来实现更好的控制性能。

(3)控制器参数调整:针对所选的控制器,进行参数调整以实现良好的控制性能。可以使用迭代学习、仿真、实验等在线或离线的优化方法,根据控制目标和系统响应来调整控制器参数。

(4)实施验证和反馈改进:将所选择的控制方案和控制器进行仿真、实验验证、实际工程试运行和投运。监测系统响应,评估控制器的性能,并进行必要的调整和优化。根据实际系统的反馈信息和实际应用效果,调整控制器参数,改进控制方案,以进一步优化系统的控制性能。

在选择控制方案和控制器时,重要的是根据具体的应用要求、系统特性和控制目标进行综合评估,并持续优化和改进。在实际应用中可能需要进行多次迭代和调整,以确保获得令人满意的控制效果。

7.1.4 过程控制系统实施

过程控制系统实施应该考虑实际被控对象的特性,谨慎地实施控制方案。实施步骤一般包括仿真和实验、调试、试运行、运行等,各部分也可能存在循环反复,保证控制系统的稳定运行。

(1) 仿真和实验:针对控制对象设计合理的控制方案后,应先通过仿真验证设计方案的准确性,避免不必要的损失。控制系统仿真以控制系统模型为基础,采用数学模型代替实际控制系统,以计算机为工具,通过仿真软件对控制系统进行实验、分析、评估及预测研究,仿真能够预知系统的运行状态,根据仿真结果优化控制系统的设计方案,为实际控制对象的系统设计提供有效指导。必要时应搭建实验系统进行方案的物理验证。

(2) 调试:在设计的控制系统正式投入使用前应进行仔细的系统调试,确保设计系统的正确性。分别进行设备功能调试、系统在线调试,寻找设计系统不足的地方。在调试完成后,需要申请检验,在调试过程中归档各种记录。

(3) 试运行:针对实际工业系统,启动试运行一般分为分部试运行、整套启动试运行、试生产三个阶段。分部试运行阶段的主要任务是完成单机试运行和分系统试运行,检验控制方案是否合理、是否满足控制要求,为机组的整套启动试运打好基础、做好准备。整套启动试运行阶段是系统启动试运行最重要、最关键的核心阶段,其主要任务是通过联合整套启动试运行,进行调试、消缺,实现设计要求,形成生产能力。试生产阶段的主要任务是在系统各种运行工况下进一步考验设备和系统,暴露问题,解决问题,消除缺陷。

(4) 运行:经过上述步骤,明确控制系统能够稳定工作,达到进行实际运行的条件。在实际运行中,应实时监控被控对象的运行状态,并保证设计的控制系统高效运行。若检测到运行异常,及时进行系统的检查和调试。

7.2 锅炉控制系统设计

锅炉是一个大型能量转换设备,顾名思义,由"锅"和"炉"两部分组成。"锅"是蓄热和传送热能的设备,通过介质水和蒸汽把"炉"所转化来的热能大量吸收并传递出去进行使用。"炉"是化学能源物质进行能量转换的场所,并通过受热面将热能传递给水和蒸汽,变成热能和动能并转送出去加以利用。锅炉系统在电力、机械、化工、纺织、造纸等复杂工业环境下得到广泛应用。本节通过详细介绍发电用锅炉系统工艺流程,引出锅炉发电系统中的复杂控制问题,进而分别设计合理控制方案,确保锅炉系统的稳定运行。

7.2.1 锅炉生产工艺和控制

锅炉生产过程的主要工艺如图 7.2.1 所示。送风机将冷空气送入空气预热器加热为热空气后,与燃料(煤粉或燃气)按照一定的比例送入锅炉炉膛进行燃烧,对锅炉汽包进行加热。燃烧产生的高温烟气流经过热器、再热器、省煤器和空气预热器等受热面后,通过烟道送往烟囱排入大气(一般在排入大气前还会进行净化处理,避免污染)。汽包中的水吸收热量并进行汽水分离后形成饱和蒸汽,饱和蒸汽通过过热器继续吸收热量变为过热蒸汽,送入汽轮机高压缸做功。高压汽轮机出口的蒸汽通过锅炉再热器再次吸收热量后进入汽轮机的中、低压汽轮机继续做功。蒸汽在汽轮机中膨胀,推动汽轮机转子旋转并带动发电机产生电能。汽轮机排出的蒸汽进入冷凝器放热并凝结为水,凝结水由凝结水泵经低压加热器加热后送入除氧器,除氧后的水经水泵送往高压加热器进一步加热后进入锅炉汽包。如此周而复始,不断产生电能。

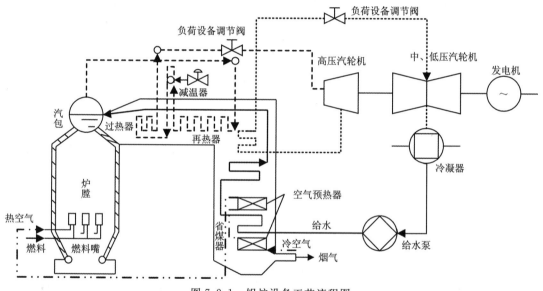

图 7.2.1 锅炉设备工艺流程图

锅炉是复杂工业生产过程中必不可少的重要动力设备,而且是一个典型的具有多输入/多输出变量,各变量之间相互关联、相互耦合的复杂被控对象。实现锅炉系统的安全经济运行需要严格控制汽包水位、主蒸汽压力、过热蒸汽温度等参数在工艺标准范围之内。此外,锅炉与汽轮机在动态性能上存在较大差异,二者的协调运作对适应外界负荷需求、保持主气压稳定具有重要作用。为了实现提供合格的蒸汽,使锅炉产气量适应负荷的需要,同时保证燃烧的经济与安全的目的,必须对锅炉生产过程中的各个主要工艺参数进行严格控制。基于上述分析,本节主要介绍的控制系统如下。

(1)锅炉汽包水位控制:通过控制给水量,使给水量满足锅炉蒸汽量需求的同时,并维持汽包水位在工艺允许的范围内。

(2) 锅炉燃烧过程控制：通过控制燃料量与送风量，使燃烧产生的热量满足负荷的需求的同时，保证燃烧的经济与安全。

(3) 过热蒸汽温度控制：通过控制减温水流量，保证过热蒸汽温度维持在工艺允许的范围内，保证生产过程顺利进行的同时提高全厂热效率。

(4) 机炉协调控制：通过设计炉跟机、机跟炉以及机炉协调三种运行方式，适应外界负荷需求的同时，维持主气压的稳定。

7.2.2 锅炉汽包水位控制

汽包水位是保证锅炉安全运行的重要指标。水位过低时，如果蒸汽用量较大，水汽化的速度又很快，使汽包内的水量变化速度较快，一旦汽包内的水全部汽化，会导致锅炉烧坏，甚至爆炸。水位过高，影响汽包的汽水分离，产生蒸汽带液现象，同时过热蒸汽温度下降，容易损坏汽轮机叶片。因此，严格控制汽包水位高度的适当对保证锅炉的稳定运行至关重要。

影响汽包水位变化的因素有很多，主要有燃料量、给水量和蒸汽流量。燃料量对水位变化的影响是非常缓慢的，比较容易克服。因此，本节主要考虑给水量和蒸汽流量对水位的影响。此外，水中夹带着大量的蒸汽气泡，蒸汽气泡体积的变化也会对汽包水位造成影响。

当给水流量 W 突然增加，锅炉的蒸发量还未改变时，给水流量大于蒸发量，汽包和给水系统可看作单容无自衡对象，此时理论上水位响应过程如图 7.2.2 中曲线 H_1 所示。但实际上温度较低的给水进入省煤器及水循环系统的流量增加，会从原有的饱和汽水混合物中吸取了一部分热量，使水面下的气泡体积有所减少，从而导致水位下降，即出现"虚假水位"现象，如图 7.2.2 中曲线 H_2 所示。当水面下气泡体积不再变化时，水位开始逐渐上升，即在给水量增加后，实际汽包水位经过一段时间延迟 τ 才呈现升高趋势。给水量阶跃下的水位变化响应曲线如图 7.2.2 中 H 所示。

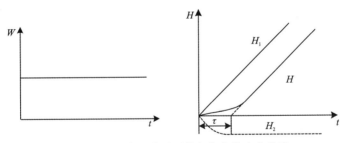

图 7.2.2　给水量阶跃下的水位变化响应曲线

在燃料量维持不变的条件下，蒸汽流量 D 增加时，锅炉的蒸发量大于给水量，汽包的贮水量应等速下降，理论上水位响应过程如图 7.2.3 中曲线 H_3 所示。但实际上当蒸发量突然增加时，在汽水循环系统中的蒸发强度也将成比例地增加，使汽包内水的沸腾骤然加剧，汽水混合物中气泡的体积增大，导致整个水位瞬间升高，形成水位上升现象，也是"虚假水位"现象，如图 7.2.3 中曲线 H_4 所示。即在蒸汽流量 D 突然增加时，由于假水位现象，在响应前期水位先上升，后下降。蒸汽流量扰动下的水位变化响应曲线如图 7.2.3 中 H 所示。

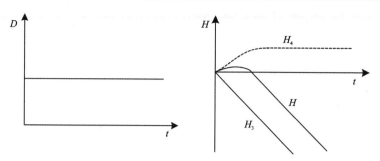

图 7.2.3 蒸汽流量扰动下的水位变化响应曲线

根据汽包水位特性,选取汽包水位为被控量,给水量为控制量,蒸汽流量等为干扰量,通过控制给水量来使汽包水位维持在满足负荷需求的高度。同时为保证锅炉安全生产,调节给水量执行机构选取气关式;但若考虑汽轮机的安全运行,调节给水量执行机构选取气开式。本节通过考虑不同数量的测量信号,将汽包水位的控制分为单冲量、双冲量以及三冲量三种控制方案进行,其中冲量即为引入的测量信号。

1. 单冲量控制系统

单冲量控制系统及控制结构框图如图 7.2.4 与图 7.2.5 所示。其中 LT 为汽包液位变送器,LC 为汽包液位控制器。单冲量控制系统根据当前汽包水位来确定给水量,是一个单回路控制系统。当蒸汽流量突然增加时,应该加大给水量以满足负荷需求;但是由于假水位现象,控制器会减小给水量来抑制瞬间的水位升高。随着假水位消失,汽包水位会在负荷增加和给水量减少的双重作用下,产生严重的水位下降,甚至发生危险。因此,该控制方案不适用于负荷变动较大的情况。

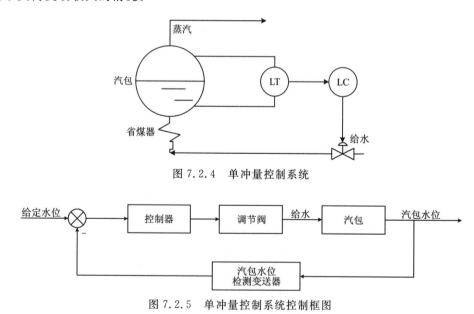

图 7.2.4 单冲量控制系统

图 7.2.5 单冲量控制系统控制框图

2. 双冲量控制系统

蒸汽流量是影响汽包水位的最主要的扰动,也是造成假水位的主要因素。如果将蒸汽流量这一可测不可控的干扰作为前馈引入单冲量控制系统,就可以有效避免假水位引起的误动作,并及时控制水位,减小水位波动。由此,构成如图 7.2.6 所示的双冲量控制系统,其对应控制框图如图 7.2.7 所示,其中 FT 是蒸汽流量变送器,FC 是蒸汽流量控制器。其本质为前馈-反馈复合控制系统,即给水量不仅取决于汽包水位,还受到蒸汽用量的影响。

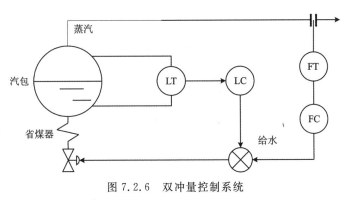

图 7.2.6 双冲量控制系统

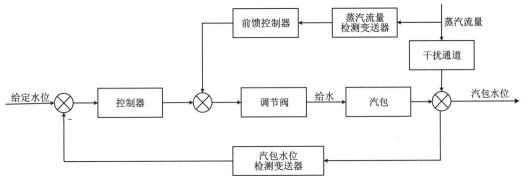

图 7.2.7 双冲量控制系统控制框图

3.三冲量控制系统

汽包水位双冲量控制系统存在的不足是给水系统中的水压等干扰因素造成的波动不能及时抑制,因此可以将给水流量控制引入双冲量控制系统,形成三冲量控制系统,如图 7.2.8 所示,其相应控制结构框图如图 7.2.9 所示,其中 FT_1 是蒸汽流量变送器,FC_1 是蒸汽流量控制器,FT_2 是给水流量变送器,FC_2 是给水流量控制器。

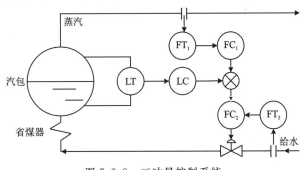

图 7.2.8 三冲量控制系统

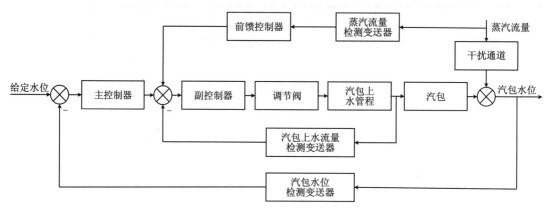

图 7.2.9 三冲量控制系统控制框图

该系统的输入量为汽包水位设定值,输出量为汽包水位的实际检测值。汽包水位是串级控制的外环控制量,汽包上水流量是串级控制的内环干扰量,两者形成双闭环控制,并将影响水位的过热蒸汽出口流量作为前馈控制量,形成汽包水位的前馈-串级控制回路。

7.2.3 锅炉燃烧过程控制

锅炉燃烧过程的控制任务:控制燃料产生的热量能够适应锅炉产气的需要,同时还要保证锅炉的安全经济运行。其具体任务可分为:①使锅炉出口蒸汽压力保持稳定;②保证燃烧过程的经济性和对环境保护的要求;③使炉膛负压保持恒定。为达到上述目的,可以选择燃料量、送风量和引风量这三个调节变量。当生产负荷发生变化时,燃料量、送风量、引风量同时协调动作,达到既适应负荷变化,又使燃料量和送风量成一定比例,还使炉膛负压保持一定的效果。当生产负荷相对稳定时,保持燃料量、送风量和引风量相对稳定,并能迅速消除外界干扰的影响。锅炉燃烧过程控制系统可以根据这个特点划分为蒸汽压力控制系统、经济燃烧控制系统、炉膛负压控制系统这三个子系统,分别实现维持气压、保持最佳空燃比以及保证炉膛负压不变的控制任务。

1. 蒸汽压力控制

影响蒸汽压力的外界因素主要是蒸汽负荷的变化与燃料量的波动。当蒸汽负荷和燃料量的波动较小、对燃烧的经济性要求不高时,可以采用调节燃料量以控制蒸汽压力的简单控制方案。而当燃料量波动较大时,为了及时抑制燃料量的自身扰动,需要采用蒸汽压力与燃料量构成的串级控制系统,如图 7.2.10 所示。

由图 7.2.10 所示,将燃料流量的扰动作为串级控制的副回路变量,且选择燃料流量作为操纵变量,以增强系统的抗干扰能力。当燃料流量干扰作用于主环时,由于副回路的存在,该控制系统能够比单回路控制系统更为及时地对干扰采取控制措施。当燃料量波动较大且对燃烧的经济性又有较高要求时,需要引入燃料量-空气量的比值控制。

2. 经济燃烧控制

经济燃烧以燃料量跟踪蒸汽负荷需求为前提,保证空气量与燃料量满足一定的比例关

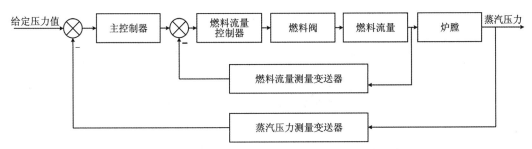

图 7.2.10 蒸汽压力-燃料量构成的串级控制系统结构框图

系,使燃烧过程充分进行,从而以最经济的燃料供给量提供最大的燃烧热。因此初步控制方案选择燃料量与进风量之间的比值控制。燃料量跟随蒸汽负荷的变化而变化,为主流量;进风量为副流量。其控制方案及结构图如图 7.2.11 与图 7.2.12 所示。

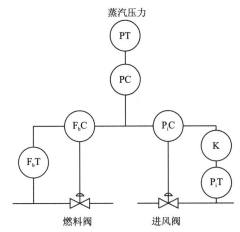

图 7.2.11 燃料量-进风量比值控制方案

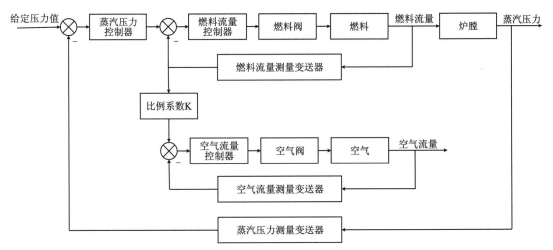

图 7.2.12 燃料量-进风量比值控制结构框图

在该控制回路中,根据燃料量的检测变送值与燃料量与空气量的比值要求控制风量。风量根据燃料量的多少进行调整,按照比值要求开闭阀门。将蒸汽压力控制器的输出同时作为燃料量控制器和进风量控制器的设定值,这种方案可以保持蒸汽压力的稳定,空燃比通过 F_bC(燃料控制器)和 P_iC(进风量控制器)的正确动作得到保证。但随着负荷的不断变化,设定的空燃比可能不再恰当,因此有必要选择一个指标来检验空燃比的适当性。目前,常用烟气含氧量作为衡量空燃比的指标。

理论和实践已经证明,烟气中各种成分(如 O_2、CO_2、CO 等)的含量可以反映燃料燃烧的情况。根据燃烧时的化学反应方程式,可以计算出使燃料完全燃烧所需的含氧量,进而可以折算出所需的空气量。因此烟气含氧量可以作为一种衡量经济燃烧的指标,根据烟气含氧量对送风量以及空燃比进行校正。将烟气含氧量作为一个前馈信号,与空气流量的控制系统形成前馈-反馈控制来更好地调节空气流量,满足燃料充分燃烧的需要。其控制方案及结构图如图 7.2.13 与图 7.2.14 所示。

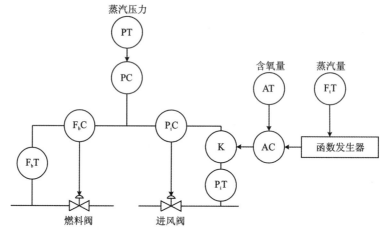

图 7.2.13 烟气含氧量前馈与燃料量-进风量比值控制方案

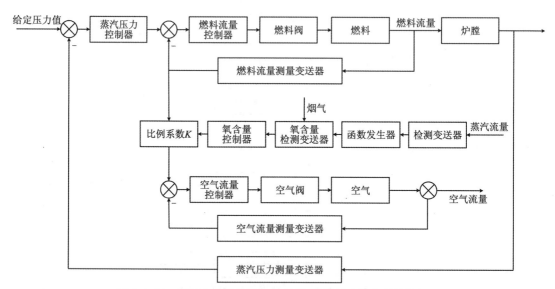

图 7.2.14 烟气含氧量前馈与燃料量-进风量比值控制结构框图

为保证不同负荷下,锅炉始终保持最优经济燃烧,该系统根据烟气含氧量与蒸汽流量之间的近似关系,如图7.2.15所示,获得当前负荷条件下烟气含氧量的设定值。含氧量控制器再根据该设定值对空气流量进行校正,使锅炉在不同负荷下始终保持最优经济燃烧,保证锅炉燃烧的经济性最高、热效率最高。

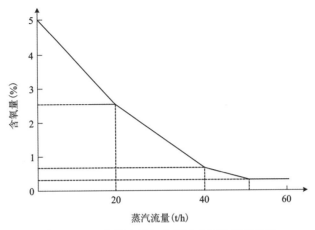

图 7.2.15 蒸汽流量与含氧量之间的近似关系

3. 炉膛负压控制

炉膛负压是反映燃烧工况稳定与否的重要参数,是运行中需要监视和控制的重要参数之一。炉内燃烧工况一旦发生变化,炉膛负压随即发生相应变化。当锅炉的燃烧系统发生故障或异常时,最先在炉膛负压上反映出来,因此,监视和控制炉膛负压对于保证炉内燃烧工况、烟道运行工况的稳定等有极其重要的意义。为保证炉膛安全,一般要求炉膛压力略低于外界大气压力,即炉内烟气微负压。这是因为当炉膛负压过大时,引风量增大,不完全燃烧损失、排烟热损失均增大,热效率降低甚至使燃烧不稳定。炉膛压力变为正压,火焰及飞灰从炉膛不严处冒出,恶化工作环境,危及人身及设备安全。故应保持炉膛负压在正常范围内。

维持炉膛负压一定的措施是维持引风量和送风量的平衡。如果负压波动不大,调节引风量即可以实现负压控制。当蒸汽压力波动较大时,燃料用量和送风量波动也较大,此时,

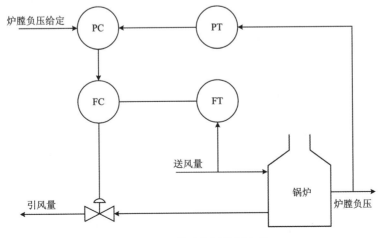

图 7.2.16 炉膛负压控制方案

经常采用的控制方法为前馈-反馈控制,如图 7.2.16 所示,引入送风量作为前馈信号,与引风量单回路控制系统共同构成前馈-反馈复合控制系统,有效维持引风量与送风量之间的平衡关系。炉膛负压控制系统框图如图 7.2.17 所示。

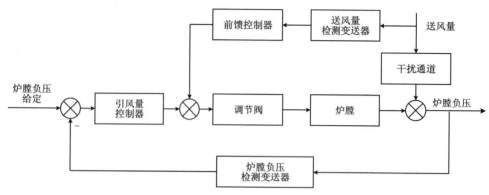

图 7.17 炉膛负压控制系统框图

7.2.4 过热蒸汽温度控制

在锅炉运行中,过热蒸汽温度是一个很重要的控制参数,是锅炉运行质量的重要指标之一。过热蒸汽系统由一级过热器、减温器、二级过热器构成。其中,过热器工作在高温高压条件下,过热器出口温度是全厂设备温度的最高点,在正常运行时已接近材料允许的最高温度。如果过热蒸汽温度过高,容易烧坏过热器,还会引起汽轮机内部零件过热,影响生产过程顺利进行;温度过低则会降低全厂热效率,引起汽轮机叶片磨损。因此,必须对过热蒸汽温度加以严格控制,一般电厂锅炉要求过热蒸汽温度偏差保持在±5℃以内。

在蒸汽发生器或蒸汽动力系统中,过热蒸汽温度会随着系统负荷的变化而发生动态响应。当系统的负荷发生变化时,过热蒸汽温度可能会出现瞬态过程。这时,过热蒸汽温度会先上升或下降,然后逐渐趋于新的稳定值,这是由系统中的热惯性和传热特性导致的。过热蒸汽温度的动态响应速度取决于系统中的热容量、传热速度以及控制装置的性能。较大的热容量和较低的传热速度将导致过热蒸汽温度响应较慢,反之亦然。控制装置的响应时间也会影响过热蒸汽温度的动态特性。如果控制装置的响应速度不够快,过热蒸汽温度的稳定时间将延长,可能会出现温度超调或波动的情况。

影响过热蒸汽温度的因素较多,如蒸汽流量、燃烧工况等。表 7.2.1 列出了几种扰动因素对过热蒸汽温度的影响。考虑到对过热蒸汽温度的单回路控制通道的容量滞后较大,不能满足生产要求,因此本节选用减温器后蒸汽温度 T_2 与过热蒸汽温度 T_1 构成的串级控制方案,如图 7.2.18 所示,其对应控制系统框图如图 7.2.19 所示。

此控制主回路以维持过热蒸汽温度稳定为目标,将蒸汽温度作为主被控对象;副回路中将减温器后蒸汽温度作为串级副被控对象,可以起到抑制降温水压力等扰动对蒸汽温度产生影响的作用。内外环互相配合,提高系统响应频率,实现对过热蒸汽温度的快速调节。

表 7.2.1 过热蒸汽温度和扰动因素的关系

主要影响因素	温度变化/℃
锅炉负荷(±10%)	±10
炉膛过量蒸汽系数(±10%)	±(10~20)
给水温度(±10%)	±(4~5)
燃料水分(±1%)	±1.5
燃煤灰分(±10%)	±5

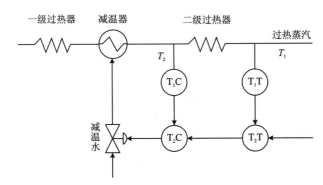

图 7.2.18 过热蒸汽出口温度串级控制方案

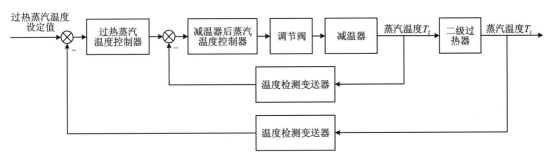

图 7.2.19 过热蒸汽出口温度串级控制回路方框图

7.2.5 机炉协调控制

随着电力工业的发展,大型火力发电机组在电网中所占的比例越来越大,而电网因用电结构变化,负荷峰谷差逐步加大,因此要求大型机组具有带变动负荷运行的能力,以便迅速满足负荷变化的需要及参加电网调频。另外,机组容量不断地增加,锅炉的蓄热量相对减少,采用以往的机炉分别控制方式已不适应外界负荷的要求和不利于保持机炉之间的平衡。

此外,单元机组内部的锅炉与汽轮机在动态性能上也存在较大的差异,当负荷变化时,即使立即调整锅炉的燃料量和给水量,燃烧过程和过热系统的滞后和时滞会导致供给汽轮机的蒸汽量不能立即改变。而只要改变控制阀的开度,蒸汽量就可以迅速改变,立即适应负荷的变化。因此,如果汽轮机的进气阀开度已发生变化,流入汽轮机的蒸汽量随之变化,而锅炉提供的蒸汽量还未能跟上,需要通过调节主汽压力来弥补这种供需差额,进而引发主汽压力的大幅波动。

可以看出,提高机组的适应能力和维持气压稳定这两个控制目标存在一定矛盾。为了及时适应外界负荷需求并保持主气压稳定,根据单元机组的结构特点,可以有三种基本控制方式,即锅炉跟随(炉跟机)控制方式、汽轮机跟随(机跟炉)控制方式和机炉协调控制方式。

1. 锅炉跟随(炉跟机)控制方式

图 7.2.20 为单元机组锅炉跟随控制方式示意图。当外界负荷要求增大时,负荷要求 P_0 与机组实发功率 P_E 出现偏差。汽轮机主控制器发出的汽机指令 TD(turbine demand)作为给定值送到汽轮机控制系统中,汽轮机控制系统根据汽机指令 TD 要求开大进气调节阀,增加汽轮机进气量,从而迅速增大发电机的输出功率,使其和负荷指令 P_0 相一致。当汽轮机进气调节阀开度增大后,锅炉主蒸汽压力 P_T 随之减少,与锅炉主蒸汽压力设定值 P_S 出现偏差。锅炉主控制器发出锅炉控制指令 BD(boiler demand)作为给定值送到锅炉控制系统中,锅炉控制系统根据指令要求提高锅炉的燃烧率,使输入锅炉的能量和物质与锅炉的输出量相平衡。

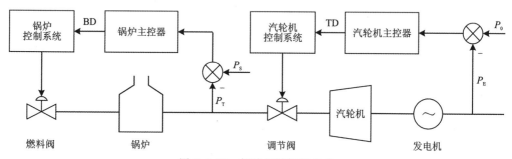

图 7.2.20　锅炉跟随控制方式

从上述控制过程可知,这种控制方式的特点是汽轮机侧调负荷,锅炉侧调气压。调负荷过程中,锅炉跟随汽轮机而动作,故称为锅炉跟随(炉跟机)控制方式。这种控制方式的优点是充分利用了锅炉的蓄热来迅速适应负荷的变化,对机组调峰、调频有利。缺点是由于燃料的燃烧、传热和水的蒸发等过程都需要一定时间,机组负荷变化时会使主蒸汽压力波动较大,对机组的安全经济运行不利。在大型单元机组中,对于较小的负荷变化,在主蒸汽压力允许的变化范围内充分利用锅炉的蓄热以迅速适应负荷是有可能的,这对电网的频率调节也是有利的。但是,在负荷要求变化较大时,气压变化就太大,会影响锅炉的正常运行。因此,这种控制方式适用于参加电网调频的机组。

2. 汽轮机跟随(机跟炉)控制方式

图 7.2.21 为单元机组汽轮机跟随锅炉控制方式示意图。当负荷要求 P_0 增加时,锅炉主控制器输出锅炉指令 BD 给锅炉控制系统,调节锅炉的燃烧率。经过一段延迟时间后,锅炉的蒸发量和主蒸汽压力 P_T 逐渐增大,与锅炉主蒸汽压力设定值 P_S 出现偏差。汽轮机主控制器输出汽机指令 TD,汽轮机控制系统根据 TD 去开大汽轮机进气调节阀,使进入汽轮机的蒸汽量增加,机组实发功率 P_E 增加,以适应改变了的负荷要求指令 P_0。蒸汽调节阀门

开度变化后,可以很快地改变主蒸汽压力 P_T,因此可以使主蒸汽压力 P_T 波动幅度变小。在负荷 P_0 发生变化时,锅炉燃烧率改变后需经一些时间才能改变输出功率 P_E,因此机组对负荷响应较慢。此外,在锅炉侧燃烧率扰动时,气压和蒸汽流量将发生变化,汽轮机控制器为保持气压而动作调节阀门开度,使输出功率 P_E 发生波动。

这种控制方式的特点是锅炉侧调负荷,汽轮机侧调气压。在保证主蒸汽压力稳定的情况下,汽轮机跟随锅炉而动作,故称为汽轮机跟随(机跟炉)控制方式。这种控制方式的优点是在运行中主蒸汽压力相当稳定(气压变化很小),有利于机组的安全经济运行。缺点是由于没有利用锅炉的蓄热,且只有当锅炉改变燃烧率造成蒸发量改变后,才能改变机组的输出发电功率,这样适应负荷变化能力较差,不利于机组带变动负荷和参加电网调频。因此这种控制方式适用于承担基本负荷的单元机组上。

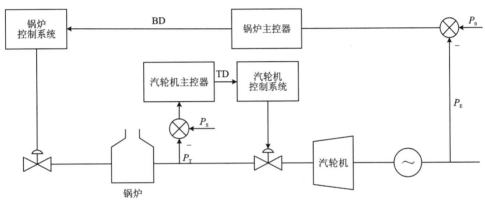

图 7.2.21 汽轮机跟随控制方式

3. 机炉协调控制运行方式

图 7.2.22 为单元机组机炉协调控制方式示意图。当负荷要求改变时,锅机和汽轮机主控制器对锅炉和汽轮机控制系统分别发出的 BD 和 TD 指令中都含有负荷偏差信号 P_0-P_E,因此锅炉和汽轮机都进行负荷调节,即同时改变锅炉的燃烧率和汽轮机的进气量进行负荷调节。同时为了使蒸汽压力变化幅度不致太大,还根据主蒸汽压力 P_T 偏离给定值 P_S 的情况适当地限制汽轮机进气调节阀的开度变化和适当地加强锅炉的控制作用。当调节结束时,机组的输出功率 P_E 等于负荷要求 P_0,而主蒸汽压力 P_T 恢复为给定值 P_S。

在负荷调节动态过程中,机炉协调控制可使气压在允许的范围内波动,这样可充分地利用锅炉的蓄热,使单元机组能较快地适应负荷要求的变化,同时主蒸汽压力的变动范围也不大,因而使机组的运行工况比较稳定。机炉协调运行方式综合"炉跟机"和"机跟炉"各自的优点,兼顾了出力需求和主蒸汽压力稳定两方面,可改善单元机组的调节性能,提高电网自动化水平,加强机炉运行的稳定性,确保机组在安全的前提下最大限度地适应负荷的需要。

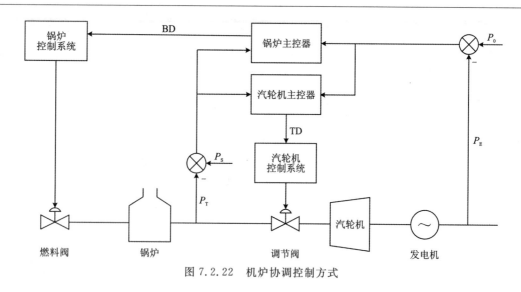

图 7.2.22　机炉协调控制方式

7.3　钻进过程恒钻压自动送钻控制

在当今国际白热化竞争中,保障资源能源安全是实现国家经济可持续发展的关键之一,也是国家安全的重要组成部分。随着人类使用资源能源的数量越来越多,资源能源对人类经济社会发展的制约也越来越明显。钻探是油气、矿物质等资源能源勘探和开采的重要手段,它利用钻机、钻井平台等大型工程机械,向地球深部掘进,以探明或开采深地深海资源。

7.3.1　钻进过程工艺分析

图 7.3.1 所示为钻进过程原理示意图。通常,钻机包括回转系统、给进系统和循环系统

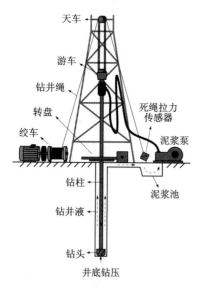

图 7.3.1　钻进过程原理示意图

三大部分,三个系统相互协调工作,通过加接钻杆将钻头送至地下目标层位。钻杆、钻铤和钻头被统称为钻柱,是钻进过程中传递能量、提供钻压的关键组成部分。

回转系统以转盘为动力核心,带动整个钻杆转动并驱动钻头旋转。大部分转进过程没有井底动力,地面转盘是整个系统的唯一驱动。它以恒定速度旋转并驱动整个钻柱。扭矩通过钻柱传输到井底,带动钻头旋转。

给进系统通常以绞车为核心,绞车、天车和游车三部分组成给进系统。天车固定于钻机井架顶部,游车则与大钩相连。钻井绳在天车和游车上缠绕合适圈数,连接绞车一侧被称为快绳,固定于平

台的一端被称为死绳,钻井绳拉力由位于死绳一端的拉力传感器测量。整个系统通过绞车旋转,收放钻井绳,实现提升与下放钻柱系统。

循环系统以泥浆泵、泥浆池为核心。在钻进过程中,钻井液由地面泵入钻柱内部,通过钻头开口,从井筒周围的环空返回地面,其作用有平衡井壁压力、将井底岩屑返回地面、冲洗钻头并降温、润滑工作环境或者驱动井底的马达。

送钻即指通过操作绞车下放钻柱,使钻头向深部掘进的过程。钻压是钻进送钻过程中最重要的操作参数之一,指作用于钻头的轴向力。一般钻进过程中都采用恒钻压送钻,钻机给进系统控制钻柱下放,钻柱的部分重力为钻头提供的钻压使钻头破岩给进,此过程也被称为减压钻进。

7.3.2 恒钻压自动送钻控制系统设计

送钻过程中地层的变化会影响钻头破岩从而导致钻压改变,所以需要通过控制绞车转速来控制钻柱下放速度进而使钻压维持在期望的大小。稳定的钻压控制能提高机械钻速,最大可达50%;减少钻头磨损,增加钻头进尺提高钻孔质量;保障井壁稳定,减少孔内事故;在岩芯钻探时,稳定的钻压能提高岩芯完整率。高精度的钻压控制对实现安全高效的钻进过程具有重要意义,通常要求其波动在±3000N以内。

1.钻压控制系统执行机构、控制单元及检测单元

钻压控制主要由钻机给进系统实现,目前,电驱动钻机给进系统变频驱动与检测单元部分主要设备包括:

(1)变频装置。绞车一般配备大小两个功率的变频电机,大功率变频电机用于起下钻操作,小功率变频电机用于送钻控制,小功率的送钻电机即钻压控制的执行机构。

(2)控制单元。由一台PLC作为钻机控制系统主站与司钻台等其他系统组成现场级工业网络,实现钻机的操作控制。

(3)信号检测单元。钻压控制系统检测变量主要包括死绳拉力和绞车转速。由于孔底钻压难以测量,通常采用死绳拉力进行换算。死绳拉力测量通过死绳端拉力传感器和压力变送器实现。拉力传感器采用以工业变压油为介质的死绳固定器,将死绳拉力通过弹性膜片转换为液体压力进行检测,再通过压力变送器将油压转换为输出拉力模拟信号;绞车转速可由转速编码器进行测量。

(4)电源及供电。380V电源,由网电变压器或应急电源提供;由电源柜给各变频装置供电。

2.钻压控制方案

钻压控制对象开环结构图如图7.3.2所示。可见,钻压大小最终受到绞车转速的影响,而绞车转速又由异步电机与减速器进行控制。根据钻进过程特性,选取钻压为被控量,电机转矩为控制量,绞车负载和地层变化为干扰量,通过控制电机转矩来使钻压维持在满足工艺要求的大小。控制系统采用电驱动执行机构。

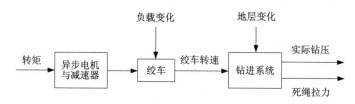

图 7.3.2 钻压控制对象开环结构图

钻进过程中,由于钻压是作用于钻头上的压力,难以直接测量,而死绳拉力是可以在地表进行测量的参数,因此需要建立以死绳拉力为输入,以钻压为输出的软测量模型。

1) 钻压软测量模型

由于钻压是位于钻头的轴向力,但井下测量难以实施,因此,采用软测量模型得到参数软测量值。将可获得的死绳拉力作为辅助变量,而实际钻压作为主导变量,进行机理分析与参数辨识,得到参数软测量值。由钻进过程机理可知,部分钻柱重力提供作用于钻头的钻压。同时,钻柱系统又受到向上的钩载提升力。因而,钻柱受力可描述为

$$Ma = G_0 - F_h - F_d \tag{7.3.1}$$

式中:M 为钻柱质量;a 为钻柱加速度;G_0 为钻柱在钻井液中的初始重力;F_h 为钩载;F_d 为井底钻压。

而实际钻进过程缓慢,钻柱加速度极小,因此井底钻压可描述为

$$F_d \approx G_0 - F_h \tag{7.3.2}$$

钩载大小可由死绳拉力乘以绳系数量得到。根据上述软测量模型则可利用死绳拉力测量值对井底钻压进行软测量。

2) 钻压单回路控制系统

钻压控制单回路系统如图 7.3.3 所示。可见,单回路控制系统直接根据测量钻压与给定钻压的误差计算电机所需转矩大小,只有一个控制回路。

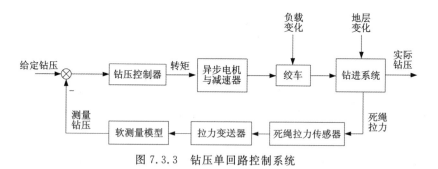

图 7.3.3 钻压单回路控制系统

由地层变硬导致钻压增大时,控制器减小转矩,降低送钻速度满足钻压要求。但由于钻压增大,绞车负载减小,同时转矩减小,绞车卷筒转速会在负载减小和输入转矩减小的双重作用下快速减小,造成钻压快速降低,如此造成钻压波动,影响过程平稳性和钻进效率。

3) 钻压串级控制系统

考虑到绞车易受到负载变化导致实际转速受到影响,可构建如图 7.3.4 所示的钻压串

级控制系统。

在主回路中选取钻压为被控变量，电机转速为控制量；副回路中选取绞车转速为被控变量，电机转矩为控制量。主回路中钻压的大小受到钻杆自重、冲洗液浮力、钻杆与孔壁之间的接触碰撞作用、摩擦力、钻头磨损情况、水力举升力以及孔底动载作用等因素的影响。其中，钻头的磨损量总是随着时间和钻进进尺的增加不断增加，但是磨损量的变化不规律，使得钻头任意时刻的磨损情况难以准确掌握和控制。副回路中绞车转速则主要受到钢绳负载变化带来的影响。

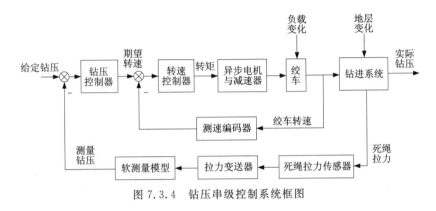

图 7.3.4 钻压串级控制系统框图

当地层硬度增加或钻头磨损加剧时，在绞车转速不变的情况下，钻压会持续增大到新的平衡点。因此，要维持当前钻压，则需减小绞车转速。反之，若是地层硬度减小，或更换了新钻头，则需要增大绞车转速以维持相同的钻压。在此期间，由于钻压变化导致绞车负载发生改变，副回路中绞车转速控制器则可克服负载扰动带来的影响。

4) 钻压前馈-串级复合控制系统

由于串级控制主要针对进入副回路的干扰，而前馈控制能克服进入主回路的干扰。当干扰量可以测量时，可以引入前馈控制来改善并提高系统的控制品质。例如钻进过程中，转盘转速变化会显著影响钻头破岩性能，从而影响钻压大小。当转速增大时，破岩效率增加，在相同的绞车转速作用下钻压会减小。反之，钻压则会增大。转盘转速是可以测量的参数，故而可以设计静态的前馈控制器对期望绞车转速进行补偿，从而构建如图 7.3.5 所示的钻压前馈-串级控制系统。

当转盘转速减小时，前馈控制器应提供负的绞车期望转速补偿以维持相同的钻压大小。当转盘转速增加时，前馈控制器应提供正的绞车期望转速补偿，从而快速克服转盘转速扰动对钻压控制性能的影响。

除上述问题之外，钻进系统本身质量庞大，深部钻进过程中钻柱系统质量可达 80~100t 及以上，导致本身具有大惯性特征。一般钻压响应可用一阶惯性环节来近似。根据不同地层软硬程度与钻柱长度，过程时间常数 T 可在 40s 至 400s 之间不等，具有典型时变系统的特征。同时，开环增益 K 也会因地层变化而发生改变。如在同样 140r/min 的送钻速度下，钻压在较软的灰岩中为 3000~6000N，而在较硬的花岗岩中可达 16 000~20 000N。因此，外环使用 PID 控制器进行控制时，时常需要调整积分增益来适应地层变化。

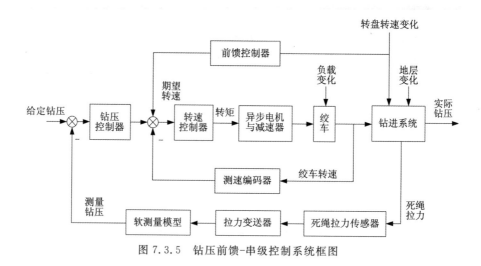

图 7.3.5 钻压前馈-串级控制系统框图

课后习题

1. 过程控制系统设计的一般要求有哪些？过程控制系统方案设计的主要内容有哪些？一般如何选择被控变量？

2. 控制器正反作用方式是什么？在控制方案设计中如何确定控制器的正、反作用方式？

3. 简述锅炉发电的生产流程。为什么说锅炉是一个典型的多变量控制过程？它有哪些输入变量和输出变量？

4. 简述锅炉汽包水位不同控制方案及其优缺点。

5. 简述三种机炉协调控制方案及其优缺点。

6. 某精馏塔，为了保证塔底产品符合质量要求，以塔釜温度作为控制指标，生产工艺要求塔釜温度控制在±1.5℃范围内。在实际生产过程中，蒸汽压力变化剧烈，而且幅度较大。对于如此大的扰动作用，若采用简单控制系统，在达到最好的整定效果时，塔釜温度的最大偏差仍达10℃左右，无法满足生产工艺要求。设计精馏塔塔釜温度与蒸汽流量串级控制系统如下图所示。

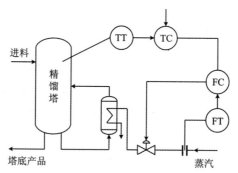

(1)绘制出控制系统的框图。
(2)确定主、副控制器的正、反作用方式。
(3)当蒸汽流量(蒸汽压力)突然增加时,简述该控制系统的控制过程。

7.简述钻进过程工艺流程。自动送钻系统控制的基本任务是什么？有哪些主要的控制系统？

8.自动送钻控制系统存在哪些干扰？克服这些干扰的主要措施有哪些？

主要参考文献

曹卫华,何王勇,甘超,2021.过程控制系统[M].武汉:中国地质大学出版社.

柴天佑,2020.工业人工智能发展方向[J].自动化学报,46(10):2005-2012.

陈虹,2013.模型预测控制[M].北京:科学出版社.

褚健,荣冈,2004.流程工业综合自动化技术[M].北京:机械工业出版社.

戴连奎,张建明,谢磊,等.过程控制工程[M].4版.北京:化学工业出版社,2020.

郭一楠,常俊林,赵峻,等,2009.过程控制系统[M].北京:机械工业出版社.

黄德先,京春,金以慧,2011.过程控制系统[M].北京:清华大学出版社.

金以慧,1993.过程控制[M].北京:清华大学出版社.

卢静宜,曹志兴,高福荣,2017.批次过程控制:回顾与展望[J].自动化学报,43(6):933-943.

吴敏,曹卫华,陈鑫,2016.复杂冶金过程智能控制[M].北京:科学出版社.

吴敏,曹卫华,陈鑫,等,2022.复杂地质钻进过程智能控制[M].北京:科学出版社.

席裕庚,李德伟,林姝,2013.模型预测控制:现状与挑战[J].自动化学报,39(3):222-236.

席裕庚,2013.预测控制[M].2版.北京:国防工业出版社.

俞金寿,孙自强,2014.过程控制系统[M].2版.北京:机械工业出版社.

ASTROM K, WITTENMARK B, 2008. Adaptive control [M]. New York: Dover Publications.

BEQUETTE B, 2008. Process control: modeling, design, and simulation [J]. Upper Saddle River: Prentice Hall.

FRANKLIN G, POWELL J A, 2005. Naeini. Feedback control of dynamic systems [M]. Upper Saddle River: Prentice Hall.

HUANG B, SHAH S, 1999. Performance assessment of control loops: theory and applications[M]. Berlin: Springer.

KANELLAKOPOULOS L, KOKOTOVIT P ARCAK M, 2011. Adaptive control: algorithms, analysis and applications[M]. Berlin: Springer.

TATJEWSKI P, 2007. Advanced control of industrial processes industrial processes [M]. Berlin: Springer.